电子信息类综合创新实践系列教材

信号处理与系统分析的 MATLAB 实现

王文光　魏少明　任　欣　编著

电子工业出版社

Publishing House of Electronics Industry

北京·BEIJING

内 容 简 介

本书结合大学信号与系统课程，介绍了信号处理与系统分析的基础理论和基于 MATLAB 的实现方法。全书共 7 章，内容包括：MATLAB 基础、信号的图形表示、信号变换、线性时不变系统、信号采样与重构、基于罗兰 C 信号的综合仿真和信号与系统 MATLAB 演示软件。前 5 章主要针对课程教学的具体内容，后两章则是属于综合提高。本书各章节在内容安排上，首先进行原理和方法说明，然后对学习中需要深刻理解的一些知识点有针对性地设计了 MATLAB 仿真和验证案例。读者通过编程实现和观察仿真结果可以加深对所学知识的掌握和理解，也为更深入地思考信号与系统的相关问题奠定基础。本书在仿真验证基本理论的同时，也为学生学习和利用软件仿真，提高编程验证能力提供了参考例程。

本书可作为电子信息工程及相关专业本科生学习信号与系统课程的参考书，供学生课后复习和深入理解所学基础理论使用，也可作为信号与系统课程的实验指导书。

图书在版编目（CIP）数据

信号处理与系统分析的 MATLAB 实现 / 王文光，魏少明，任欣编著. —北京：电子工业出版社，2018.5
ISBN 978-7-121-34009-3

Ⅰ. ①信… Ⅱ. ①王… ②魏… ③任… Ⅲ. ①数字信号处理－Matlab 软件－高等学校－教材②信号系统－系统分析－Matlab 软件－高等学校－教材 Ⅳ. ①TN911.72②TN911.6

中国版本图书馆 CIP 数据核字（2018）第 070378 号

策划编辑：竺南直
责任编辑：底　波
印　　刷：北京盛通商印快线网络科技有限公司
装　　订：北京盛通商印快线网络科技有限公司
出版发行：电子工业出版社
　　　　　北京市海淀区万寿路 173 信箱　邮编　100036
开　　本：787×1 092　1/16　印张：12.75　字数：326 千字
版　　次：2018 年 5 月第 1 版
印　　次：2021 年 12 月第 4 次印刷
定　　价：38.00 元

凡所购买电子工业出版社图书有缺损问题，请向购买书店调换。若书店售缺，请与本社发行部联系，联系及邮购电话：（010）88254888，88258888。

质量投诉请发邮件至 zlts@phei.com.cn，盗版侵权举报请发邮件至 dbqq@phei.com.cn。

本书咨询联系方式：davidzhu@phei.com.cn。

前　言

信号与系统是高等院校通信和电子类专业的一门重要专业基础课，该课程主要研究确定信号与线性时不变系统的基本概念和分析方法。信号与系统课程是学习通信原理、自动控制、数字信号处理等专业课程的基础，在课程体系中处于连接基础课与专业课的桥梁位置。正因如此，信号与系统课程是很多高校硕士研究生入学考试的科目之一。

信号与系统在内容上具有较强的系统性和抽象性，对问题分析的角度也跨越了时域、频域、复频域等多个域，具有多样性。另外，信号与系统模型的建立又包含了很多数学及物理问题，涉及的知识面很宽。在具体问题的解决过程中，很多时候并不采用直接性的方法，通常是通过与基本信号的关系来求解，这就存在处理方法和基本信号的选择问题。结合信号与系统课程的学习，对所涉及的信号问题和系统问题的理解和分析都需要不断拓宽思路，灵活采用多种方式来展现信号与系统的特点。作者近年来一直从事信号与系统课程的教学工作，在教学过程中，深感基础理论和基本方法对于掌握本课程的知识以及后续其他课程的学习，甚至对于以后参与科研和生产都有重要的影响。

MATLAB 是一种可用于算法开发、数据可视化、数据分析以及数值计算的高级计算语言。为科学研究、工程设计以及必须进行数值计算的众多科学领域提供了一种全面的解决方案，并在很大程度上摆脱了传统非交互式程序设计语言（如 C、Fortran）的编辑模式，代表了当今国际科学计算软件的先进水平，并在诸多领域的科学研究和仿真验证中得到了广泛的应用。利用 MATLAB 对信号与系统所涉及的关键知识点进行仿真和验证，一方面通过观察仿真结果可以加深对所学知识的掌握和理解，另一方面也为更深入地思考信号与系统的相关问题奠定基础。作者在教学中会利用 MATLAB 对课程中信号处理和系统分析的重要知识点进行演示，并通过仿真结果的对比和分析引导学生更深入地思考相关的问题，这种做法得到了学生的认可，结合多年来积累的课堂演示例程，并经过系统整理编写了本书。

目前信号与系统课程的教材有很多，部分术语的用法也不完全一致，在本书编写过程中，主要参考了由 Alan V. Oppenheim 和 Alan S. Willsky 编著，并由西安交通大学刘树棠教授翻译的《信号与系统》（西安交通大学出版社），以及北京航空航天大学熊庆旭教授等编著的《信号与系统》（高等教育出版社）的内容。本书的组织架构没有完全按照信号与系统教材的内容和讲授顺序来组织，而是从信号处理、线性时不变系统分析、综合应用几个方面来组织的。这主要是考虑到本书不是课堂教学的同步辅导，只是结合作者课堂教学的经验，抽取了部分知识点进行说明和仿真分析，本书中不同章节的知识点会存在一定的相关性，对于相关性较强的部分就在本书中组织到了一起，并进行了适当的延伸，以便于读者对比分析。

本书的第 1 章是 MATLAB 基础，已经具备该基础的读者可以略过该内容。第 2 章是信号的图形表示，是开展信号处理和系统分析的基础。第 3 章是信号变换，具体包括了傅里叶级数表示、连续信号的傅里叶变换、连续信号的拉普拉斯变换，这三部分都属于信号处理的范畴，尽管安排在同一章中，但它们位于不同的节中，内容相对独立；第 3 章还包括了离散时间信号的 Z 变换。第 4 章是线性时不变系统，具体包括离散系统的卷积、连续系统的卷积和线性时不变系统的频率响应，主要体现了系统分析的思路和方法。第 5 章是信号采样与重构，主要对采样定理进行分析和说明。第 6 章是基于罗兰 C 信号的综合仿真，结合罗兰 C 的特点，综合利用所学的信号处理与系统分析的知识开展仿真，增强解决实际问题的能力。第 7 章是 MATLAB 演示软件，供读者在学习过程中加强对所学知识的感性认识。

本书在利用 MATLAB 进行仿真时，对于类似的问题，尽可能采用多种不同的实现方法，使读者通过对不同方法的对比更深入地理解基础理论，同时也为以后开展科学仿真提供借鉴和参考。

本书从准备到完稿，经过多次修改和完善，在编写过程中，一些硕士研究生和本科生也参与了部分工作，这些同学包括季彧、石家宁、刘凯琪、赵新芳、林晓霞、贺聪聪、杨吉煌等，部分同学目前已经毕业，作者在此对参与本书编写和校对工作的同学表示感谢。北京航空航天大学电子信息工程学院王俊老师、电子工业出版社的竺南直老师和底波老师都对本书提出了很多很好的建议，在此一并致谢。

由于作者水平有限，书中难免存在表达不严谨、不恰当，甚至错误的地方，恳请读者批评指正。

编著者

目　　录

第 1 章　MATLAB 基础

1.1　MATLAB 简介

　　MATLAB 是一种高精度的科学计算语言。它将计算和可视化编程结合起来，给用户提供一个易于使用的环境。在这个环境里，用户可以用熟悉的数学符号来表示问题及其解决方法。它的典型运用包括数学与运算、算法开发、建模与仿真、数值分析、工程图形科学等。作为一个交互式系统，它的基本数据单元为数组，数组不需要固定的大小，因此用户可以灵活解决许多数学问题，特别是涉及矩阵和向量运算的问题。MATLAB 指令表达式类似于数学运算、工程应用中常用的格式。相对于 C 和 Fortran 这些高级语言，MATLAB 的语法规则更为简单。

　　MATLAB 最重要的特性是它提供了很多已有程序组以解决特定应用问题，也就是工具箱，如信号处理工具箱、控制系统工具箱、神经网络工具箱、模糊逻辑工具箱、通信工具箱、数据采集工具箱以及其他许多特定的工具箱。对于大多数用户，为了能够灵活而高效地使用工具箱，他们通常需要学习相关的专业知识。除了内置函数外，所有主要文档和 MATLAB 工具箱文件都是可读且可更改的。这些工具箱实际就是一套复杂函数，工具箱的应用进一步扩展了 MATLAB 软件的功能。为了能够解决特殊问题，用户可以改变源文件并加入自己的文件以建立新的工具箱。

　　在 MATLAB 软件成功安装后，以 R2011b 版本为例，首次进入显示的主界面如图 1-1 所示。

图 1-1　MATLAB 用户界面

（1）指令窗。MATLAB 操作的最主要窗口。在该窗内，可输入各种 MATLAB 指令、函数、表达式；显示除图形外的所有运算结果；运行错误时，显示相关提示。

（2）当前目录浏览器。在该浏览器中，展示着子目录、M 文件、MAT 文件和 MDL 文件等。对该界面上的 M 文件，可以直接进行复制、编辑和运行；界面上的 MAT 数据文件，可以直接送入 MATLAB 工作内存。

此外，在当前目录浏览器正下方，还有一个"选中目标简况"窗。该窗显示所选文件的概况信息。比如该窗会展示：M 文件的 H1 行内容，最基本的函数格式；所包含的内嵌函数和其他子函数。

（3）工作空间浏览器。该窗口罗列出 MATLAB 工作空间中所有的变量名、大小、字节数。在该窗中，可对变量进行观察、编辑、提取和保存。

（4）历史指令窗。该窗口记录已经运行过的指令、函数、表达式，以及它们运行的日期、时间。该窗中的所有指令、文字都允许复制、重运行及用于产生 M 文件。

1.2　MATLAB 基本操作

MATLAB 提供方便实用的功能键用以在当前或之前的输入命令窗口编辑、修改命令行。这些功能键如表 1-1 所示。

表 1-1　常用功能键

功　能　键	功　　能	功　能　键	功　　能
↑	重新加载之前的命令行	End	将光标移动到行尾
↓	重新加载之后的命令行	Ctrl+Home	将光标移动到命令窗口的上端
←	光标向左移动一个字符	Ctrl+End	将光标移动到命令窗口的下端
→	光标向右移动一个字符	Esc	撤销命令行
Ctrl+←	光标向左移动一个单词	Delete	删除光标处的字符
Ctrl+→	光标向右移动一个单词	Backspace	删除光标左侧的字符
Home	将光标移动到行头		

1.2.1　MATLAB 运算模式

MATLAB 的运算模式有两种：命令行运算模式和 M 文件运算模式。命令行运算模式是直接在命令窗口的提示"＞＞"后输入命令或运算表达式。按下"Enter"键后，MATLAB 将会进行运算并显示运算结果。这种方式比较适合实现一些简单的功能，比如简单的计算或画图等。M 文件运算模式是一种用 MATLAB 语言写成的计算机程序，它的扩展名为".m"。在 MATLAB 的 M 文件编辑器中输入、编辑和调试代码，然后在命令窗口中输入所生成的文件名就可以运行它了。

当 M 文件运行时，MATLAB 将会使用它默认的搜索路径去寻找 M 文件。如果你想运行的 M 文件不在搜索路径中，它将不会被执行。我们可以使用 MATLAB 用户主界面中的"File"菜单下的"set path"命令设置，在 MATLAB 搜索路径中加入我们所需要的文件夹和目录。

1．命令行运算模式举例

可以在命令窗口中直接输入以下命令实现三角函数绘图。

```
clear;
x = -pi:0.1:pi;
y1 = sin(x);
y2 = cos(x);
plot(x,y1,x,y2);
title('cosine and sine functions');
xlabel('time');
ylabel('Amplitude');
legend('y = cos(x)','y = sin(x)');
grid on;
```

命令窗口操作运行结果如图1-2所示。

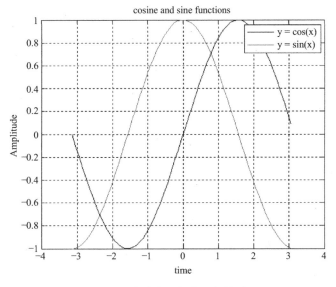

图1-2 命令窗口操作运行结果

2．M文件举例

通常M文件中会包含一定的注释语句，这些注释语句的出现位置可以放在解释对象的上面、下面或后面，甚至可以放在程序开始的地方，以下为一个M文件的例子，其中有多行注释语句。

```
% 这是一个M函数示例
function [y,pos] = findmax(a)
% findMax 可以找出矩阵a中最大值及其地址
% y = findmax(a):找出矩阵a中的最大值
% [y,pos] = findmax(a):找出矩阵a中的最大值，pos为最大值地址
[y,p] = max(a(:));
[r,c] =ind2sub(size(a),p);
```

pos = [r,c];

1.2.2 数据类型和算术运算

1. 数字、变量和表达式

每种编程语言都有自己的数字、变量和表达式使用约束，MATLAB 变量的描述是十进制形式，十进制的小数点和复数符号可以用在科学计数法中，如 $1.3e^{-3}$。MATLAB 可支持 16 位有效数字，从 $10e^{-308} \sim 10e^{308}$。

数字是数学运算的最基本对象，MATLAB 中定义的数字的数据类型为整数、浮点数和复数三种，另外，还定义了 Inf 和 NaN 两个特殊数值。

MATLAB 支持 8 位、16 位、32 位和 64 位的有符号和无符号整数。这 8 种数据类型及其描述如表 1-2 所示。

表 1-2 整数类型

数 据 类 型	描　　述
uint 8	8 位无符号整数，范围为 $0 \sim 2^8-1$
int8	8 位有符号整数，范围为 $-2^7 \sim 2^8-1$
uint16	16 位无符号整数，范围为 $0 \sim 2^{16}-1$
int16	16 位有符号整数，范围为 $-2^{15} \sim 2^{15}-1$
uint32	32 位无符号整数，范围为 $0 \sim 2^{32}-1$
int32	32 位有符号整数，范围为 $-2^{31} \sim 2^{31}-1$
uint64	64 位无符号整数，范围为 $0 \sim 2^{64}-1$
int64	64 位有符号整数，范围为 $-2^{63} \sim 2^{63}-1$

MATLAB 支持单精度和双精度两种浮点数，其中，双精度浮点数是 MATLAB 的默认数据类型。这两种数据类型及其描述如表 1-3 所示。

表 1-3 浮点数类型

数 据 类 型	描　　述
single	单精度浮点数，范围为 $-3.40282 \times 10^{38} \sim 3.40282 \times 10^{38}$
double	双精度浮点数，范围为 $-1.79769 \times 10^{308} \sim 1.79769 \times 10^{308}$

复数包含实部和虚部，在 MATLAB 中，用 i 或者 j 来表示虚部。

MATLAB 中，Inf 和-Inf 分别表示正无穷大和负无穷大。除法运算中除数为 0 或者结果溢出都有可能导致 Inf 或-Inf 的运算结果。类似 1/0 的结果是 Inf。用 NaN（Not a Number）表示一个既不是实数也不是复数的数值。类似 0/0、Inf/Inf 的结果都是 NaN。

MATLAB 用户自定义变量命名规则：MATLAB 的变量要求区分大小写，首字符要求是英文字母，长度不得超过 31 个字符，可包含英文字母、数字和下画线。但变量名称中不能包含空格或标点符号。

除了用户自定义变量以外，MATLAB 中有一些预定义变量，这些预定义变量具有相应的初始值，其中比较常用的如表 1-4 所示。

表 1-4 MATLAB 默认预定义变量

预定义变量	含 义	预定义变量	含 义
NaN 或 nan	非数值	ans	最近结果
nargin	函数输入变量个数	Inf 或 inf	无穷大
nargout	函数输出变量个数	i 或 j	虚数单位
realmax	浮点数类型所能表示的正的最大值	pi	圆周率
realmin	浮点数类型所能表示的正的最小值	eps	浮点数精度值

表达式是由数字、算符、数字分组符号（括号）、用户变量和系统变量等组合所得到的。下面给出一个简单的表达式及其运行结果。

```
cosd(45)+tand(30)+sqrt(2)+1
ans =
    3.6987
```

2．算术运算符和表达式

MATLAB 中的算术运算符如表 1-5 所示。

表 1-5 MATLAB 中的算术运算符

预定义符号	含 义	预定义符号	含 义
+	加号	.^	按元素乘方
−	减号	*	矩阵相乘
.*	按元素相乘	/	解决线性等式 xA = B 中的 x
./	数组右除	\	解决线性等式 Ax = B 中的 x
.\	数组左除	^	矩阵乘方

MATLAB 中的表达式由变量名、运算符号和函数名组成。括号具有最高优先级。算术运算的优先级顺序为：乘方>相乘/相除>加法/减法。赋值运算符"="和其他运算符的旁边可以加入空格，以提高程序的可读性。

算数运算符应用示例如下。

以下运算均针对于 A=[1,2,3;5,6,7;3,4,9]，B=[2,3,5;5,2,7;4,6,9]进行描述。

（1）计算线性等式 $xA = B$ 中的 x 的值。

命令：

```
A=[1,2,3;5,6,7;3,4,9];
B=[2,3,5;5,2,7;4,6,9];
x=B/A
```

结果：

```
x =
```

```
    0.6250      0.1250      0.2500
   -6.0000      1.0000      2.0000
    1.3750      0.3750      0.2500
```

（2）计算 3./**A**。

命令：

```
A=[1,2,3;5,6,7;3,4,9];
C=3./A
```

结果：

```
C =
    3.0000      1.5000      1.0000
    0.6000      0.5000      0.4286
    1.0000      0.7500      0.3333
```

1.2.3 关系和逻辑运算符

MATLAB 与其他的计算机语言一样，不仅有算数运算符，还有关系运算符和逻辑运算符。关系运算符和逻辑运算符分别如表 1-6 和表 1-7 所示。

表 1-6　关系运算符

运 算 符	描 述	运 算 符	描 述
==	判断是否相等	<=	判断是否小于或等于
>=	判断是否大于或等于	<	判断是否小于
>	判断是否大于	~=	判断是否不相等
isequal	判断数组容量是否相等	isequalwithequalnans	判断数组容量是否相等，NaN 也可以作为判断量

表 1-7　逻辑运算符

运算符	描述	运算符	描述
&	"与"运算	any	判断是否任何数组元素非零
~	"非"运算	false	逻辑"0"（"假"）
|	"或"运算	find	寻找非零元素的位置
xor	"异或"运算	islogical	判断输入是否为逻辑数组
all	判断是否所有数组元素非零或真	logical	将数字值转为逻辑值

MATLAB 规定：在所有的关系和逻辑表达式中，所有的非零数值都表示"真"，只有 0 表示"假"。

关系运算和逻辑运算的结果为由"0"或"1"组成的逻辑数组。逻辑数组是一种具有特殊数值的数组，它会涉及数值运算和函数调用，同是它也可以表示逻辑结果。

关系运算符应用示例如下。

（1）在命令窗口输入"A=1：9"，输入以下的命令可以得到对应关系运算的结果。

B=10-A,r0=(A<B),r1=(A==B)

结果：

A=1 2 3 4 5 6 7 8 9
B=9 8 7 6 5 4 3 2 1
r0=1 1 1 1 0 0 0 0 0
r1=0 0 0 0 1 0 0 0 0

（2）显示矩阵 A=[-1,2,4; -2,5,3;9, -8,3]中值大于 3 的元素。

命令：

A=[-1,2,4;-2,5,3;9,-8,3];
A>3*ones(3)

结果：

```
0    0    1
0    1    0
1    0    0
```

若一个表达式包括运算变量、算数运算符、关系运算符和逻辑运算符等，则表达式的计算需要遵循一套优先级顺序，MATLAB 首先计算优先级高的运算，再计算优先级低的运算；若优先级相同，则按照从左到右的顺序依次计算。表 1-8 所示为按照优先级从高到低对运算符进行排序。

表 1-8　运算符的优先等级

运算符
圆括号（）
转置（.'），共轭转置（'），乘方（.^），矩阵乘方（^）
标量加法（+），减法（-），取反（~）
乘法（.*），矩阵乘法（*），右除（./），左除（.\），矩阵右除（/），矩阵左除（.\）
加法（+），减法（-），逻辑非（~）
冒号运算符（：）
小于（<），大于（>），小于或等于（<=），大于或等于（>=），等于（==），不等于（~=）
数组逻辑与（&）
数组逻辑非（|）
逻辑与（&&）
逻辑非（||）

MATLAB 支持两种不同的数值运算方式——数组和矩阵运算。其中数组运算指数组对应元素之间的运算，也称为点运算，MATLAB 支持多维数组。数组运算需要输入的数组有相同的大小，否则无法进行运算。而矩阵运算遵循线性变换，并不是简单的多维数组的运算，输入矩阵的维数之间的关系则取决于具体的运算操作，如右除需要两个矩阵有相同的列数，而矩阵相乘则需要前者的列数与后者的行数相等。英文句号"."可用来区分数组运算和矩阵运

算，两种运算中的加减都是相同的，因此不需要将它们写成".+"和".-"。若数组或矩阵运算的操作数中有一个为标量而另外一个不是，那么MALTAB将会对其进行标量扩展，使其变为普通的数组或矩阵运算。

表 1-9 给出了数组和矩阵运算的一些区别，本质上的区别是对元素的操作还是对数据整体的操作，数组的概念在其他的编程语言中也有定义，数组与矩阵本质上具有一致性，都是对数据存储和处理的一种方式，这里的数组运算可以看作这个专有的名词，而不要理解为是一种针对数组的运算。

表 1-9　数组和矩阵运算符之间的区别（A、B 为非标量）

数 组 运 算		矩 阵 运 算	
运 算 符	描　　述	运 算 符	描　　述
.*	A.*B 表示 A 与 B 对应元素相乘	*	A*B 表示 A 与 B 按线性代数法则相乘
.^	A.^B 表示 A 中元素按 B 中对应元素次乘方	^	A^B，若 B 为标量，则为 A 中元素的 B 次乘方；若 B 为非标量，则运算涉及特征值和特征向量
./	A./B 表示 A 中元素除以 B 中对应元素	/	A/B 的结果为 xA=B 的解，A 与 B 必须有相同的列数
.\	A.\B 表示 B 中元素除以 A 中对应元素	\	A\B 表示结果为 Ax=B 的解，A 与 B 必须有相同的行数
.'	A.'表示 A 的转置	'	A'表示 A 的共轭转置

以下为数组与矩阵运算举例，其中的"命令"表示在命令窗口直接输入。这里需要注意，在输入矩阵时，由于矩阵具有多行多列，要注意元素之间的区分，同行元素间用逗号或空格隔开，不同的行由分号";"或用回车键隔开。命令输入完毕，回车表示代码执行命令。

（1）命令：

a=[1,2,3]+[3 2 1]*i   %%% 输入行向量

结果：

a=1.0000+3.0000i   2.0000+2.0000i   3.0000+1.0000i

（2）命令：

b=a'   %%% 对行向量 a 共轭转置

结果：

b=

1.0000-3.0000i

2.0000-2.0000i

3.0000-1.0000i

（3）命令：

c=b*a   %%% 矩阵 a 与 b 相乘

结果：

  c=

    10.0000   8.0000-4.0000i 6.0000-8.0000i

    8.0000+4.00000i 8.0000   8.0000-4.0000i

    6.0000+8.0000i   8.0000+4.0000i 10.0000

（4）命令：

  d=a.'   %%% 转置

结果：

  d=

    1.0000+3.0000i

    2.0000+2.0000i

    3.0000+1.0000i

（5）命令：

  e=c*b   %%% 矩阵相乘

结果：

  e=

    28.0000-84.0000i

    56.0000-56.0000i

    84.0000-28.0000i

（6）命令：

  f=exp(c)   %%% 元素指数运算

结果：

  f=

    1.0e+004*

    2.2026   -0.1948+0.2256i   -0.0059-0.0399i

    -0.1948-0.2256i 0.2981   -0.1948+0.2256i

    -0.0059+0.0399i -0.1948-0.2256i 2.2026

（7）命令：

  g=expm(c)   %%% 矩阵指数运算

结果：

  g=

    1.0e+011*

    5.1652+0.0000i 4.1322-2.0661i 3.0991-4.1322i

    4.1322+2.0661i 4.1322+0.0000i 4.1322-2.0661i

    3.0991+4.1322i 4.1322+2.0661i 5.1652+0.0000i

（8）对于如下矩阵：

$$A = \begin{bmatrix} 1 & 2 \\ 3 & 4 \end{bmatrix}, \quad B = \begin{bmatrix} 1 & 3 \\ 2 & 4 \end{bmatrix}$$

计算 A*B，A.*B，A.^B，并比较结果。

输入命令参考：

```
A = [1,2;3,4];
B = [1,3;2,4];
A*B                              %%%  矩阵乘运算
A.*B                             %%%  矩阵对应元素乘
A.^B                             %%%  对应元素做乘方运算
```

结果：

```
ans =
     5    11
    11    25
ans =
     1     6
     6    16
ans =
     1     8
     9   256
```

注意，在每个表达式后加上分号 ";"，那么结果不会显示出来。这可以加速程序运行。删除表达式后的分号，结果将会立刻在命令窗口中显示，便于查看运行结果。

1.2.4 数组及其操作

一维数组创建和读取示例：

```
x=rand(1,5)                      %%%  产生均匀分布的随机数
x([1 2 5])                       %%%  读取第 1、2、5 个元素
x=find(x>0.5)                    %%%  找出所有元素中大于 0.5 的元素
```

运行结果：

```
x =
    0.8147    0.9058    0.1270    0.9134    0.6324
ans =

    0.8147    0.9058    0.6324
x =
     1     2     4     5
```

二维数组创建示例：

```
A=[1 3;2 4]
```

运行结果：

```
A =
```

$$
\begin{array}{cc}
1 & 3 \\
2 & 4
\end{array}
$$

二维数组访问和赋值如表 1-10 所示。

表 1-10　二维数组访问和赋值

数组访问和赋值	含　义
A(i,j)	i 行 j 列元素
A(:,j)	A 中第 j 列
A(i,:)	A 中第 i 行
A(:,:)	等价于二维数组，如果是矩阵则与 A 相同
A(s)	单下标访问
A(i,j) = sa	将 sa 赋值给 A(i,j)
A(:) = D(:)	将 D 中所有元素赋值给 A
A(s) = sa	将 sa 赋值给 A(s)

1.2.5　保存结果

在程序运行后，我们通常可以得到一幅图像或一些有用的数据作为最终结果。例如，已经得到如图 1-3 所示的结果。

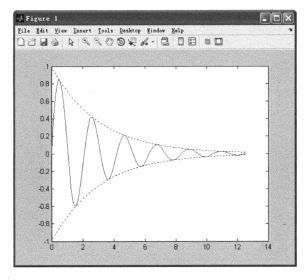

图 1-3　实验结果示例

可以执行菜单栏中的"Edit"→"Copy Figure"命令复制图片，也可以执行菜单栏中的"File"→"Save"命令保存图片，如图 1-4 和图 1-5 所示。

如果想要保存一些关键数据，可以在工作区找到变量，右键单击找到"Save As"命令。例如，要保存矩阵 A 的数据，可以按图 1-6 所示单击"Save As"命令。

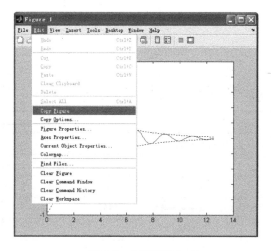

图1-4　复制图片选项

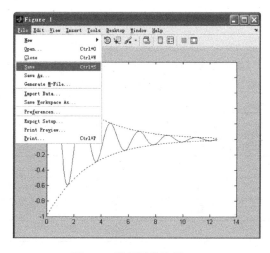

图1-5　保存图片选项

图1-6　用"Save As"命令保存数据示例

1.2.6　使用"Help"选项

当不清楚某个函数或命令的使用方法时，可以使用 MATLAB 中的"Help"选项得到帮助。这里需要说明的是，不同版本 MATLAB 的帮助菜单展现形式不同，但都可以从软件界面打开帮助功能，如图1-7 所示。

在应用中，打开"Help"选项后，会出现一个"Product Help"窗口（不同的版本会有差异）。可以搜索任何不理解的命令或函数。例如，输入名为"size"的函数就可以得到有关该函数的相关指导，如图 1-8 所示，可以看到帮助界面给出了该函数的使用方法，对同一个变量，用 size 查看尺寸时，可以有多种不同的输出形式和输出变量的个数。

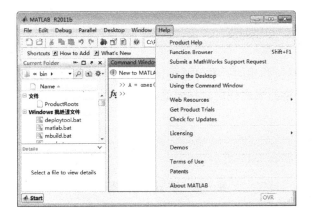

图 1-7 "Help" 选项

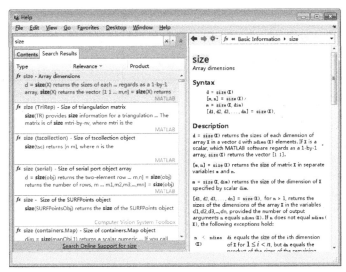

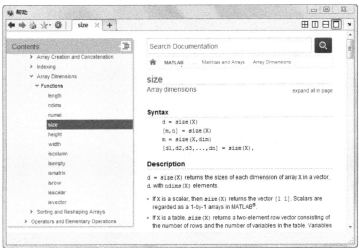

图 1-8 不同版本下 "Help" 使用界面

1.3 MATLAB 常用函数

在使用 MATLAB 进行仿真时，不可避免地要利用到软件中已经提供的常用函数，这里把一部分常用的函数以表格的形式列出，便于读者查阅。

1.3.1 矩阵计算

常用线性代数函数如表 1-11 所示。

表 1-11 常用线性代数函数

函　数	描　述	函　数	描　述
det	矩阵行列式	Rank	矩阵的秩
diag	生成对角矩阵或得到矩阵的对角线元素	trace	矩阵对角线之和
inv	矩阵的逆	rref	最简行矩阵
triu	提取上三角矩阵	tril	提取下三角矩阵
null	零空间	poly	生成矩阵特征多项式

示例：矩阵 $A = \begin{bmatrix} 1 & 0 & 0 & 0 \\ 0 & 1 & 0 & 0 \\ 0 & 0 & 3 & 0 \\ 0 & 0 & 0 & 6 \end{bmatrix}$，计算 $|A|$、A^{-1} 和矩阵 A 的迹。

A = diag([1,1,3,6])
B = det(A)
C = inv(A)
D = trace(A)

结果：

A =

　　1　　0　　0　　0
　　0　　1　　0　　0
　　0　　0　　3　　0
　　0　　0　　0　　6
B =

　　18
C =

　1.0000　　　　0　　　　　0　　　　　0
　　　　0　　1.0000　　　　0　　　　　0
　　　　0　　　　0　　0.3333　　　　　0
　　　　0　　　　0　　　　　0　　0.1667
D =

　　11

1.3.2　矩阵分解

矩阵的分解主要包括：矩阵的 LU 分解、QR 分解、Cholesky 分解、奇异值分解、特征值分解、Schur 分解及 Jordan 标准型分解等。

1．LU 分解

矩阵的 LU 分解就是将一个矩阵表示为一个下三角矩阵 L 和一个上三角矩阵 U 的乘积形式。线性代数中已经证明，只要方阵 A 是非奇异的（即可逆的），LU 分解总是可以进行的。

当 L 为单位下三角矩阵而 U 为上三角矩阵时，此三角分解称为杜利特（Doolittle）分解。当 L 为下三角矩阵而 U 为单位上三角矩阵时，此三角分解称为克劳特（Crout）分解。显然，如果存在，矩阵的三角分解不是唯一的。

MATLAB 提供的 lu()函数用于对矩阵进行 LU 分解，其调用格式为：

[L,U]=lu(X)：产生一个上三角阵 U 和一个变换形式的下三角阵 L(行交换)，使之满足 X=LU。注意，这里的矩阵 X 必须是方阵。

[L,U,P]=lu(X)：产生一个上三角阵 U 和一个下三角阵 L 以及一个置换矩阵 P，使之满足 PX=LU。当然矩阵 X 同样必须是方阵。

示例：

```
A = [3,-1,1;-1,5,2;1,2,4]
[L,U]=lu(A)
```

结果：

```
A =
     3    -1     1
    -1     5     2
     1     2     4
L =
    1.0000         0         0
   -0.3333    1.0000         0
    0.3333    0.5000    1.0000
U =
    3.0000   -1.0000    1.0000
         0    4.6667    2.3333
         0         0    2.5000
```

2．QR 分解

对矩阵 X 进行 QR 分解，就是把 X 分解为一个正交矩阵 Q 和一个上三角矩阵 R 的乘积形式。QR 分解只能对方阵进行。MATLAB 的函数 qr()可用于对矩阵进行 QR 分解，其调用格式为：

[Q, R]=qr(X)：产生一个正交矩阵 Q 和一个上三角矩阵 R，使之满足 X = QR。

[Q, R, E]=qr(X)：产生一个正交矩阵 Q、一个上三角矩阵 R 及一个置换矩阵 E，使之满足 XE = QR。

示例：

```
A = [3,-1,1;-1,5,2;1,2,4]
[Q,R,E]= qr(A)
```

结果：

```
A =
      3      -1      1
     -1       5      2
      1       2      4
Q =
    -0.1826    -0.4647    -0.8664
     0.9129     0.2472    -0.3249
     0.3651    -0.8503     0.3791
R =
     5.4772     3.1038    -1.0954
          0    -3.3714    -2.4915
          0          0    -1.8954
E =
      0      0      1
      1      0      0
      0      1      0
```

3．Cholesky 分解

如果矩阵 X 是对称正定的，则 Cholesky 分解将矩阵 X 分解成一个下三角矩阵和上三角矩阵的乘积。设上三角矩阵为 R，则下三角矩阵为其转置，即 X = R'R。MATLAB 函数 chol(X) 用于对矩阵 X 进行 Cholesky 分解，其调用格式为：

R = chol(X)：产生一个上三角阵 R，使 R'R = X。若 X 为非对称正定，则提示输出一个出错信息。

[R, p] = chol(X)：这种命令格式不提示出错信息。当 X 为对称正定的，则 p = 0，R 与上述格式得到的结果相同；否则 p 为一个正整数。如果 X 为满秩矩阵，则 R 为一个阶数为 q = p-1 的上三角阵，且满足 R'R = X(1:q, 1:q)。

示例：

```
A = [3,-1,1; -1,5,2; 1,2,4]
B = chol(A)
```

结果：

```
A =
      3      -1      1
     -1       5      2
      1       2      4
B =
     1.7321    -0.5774     0.5774
          0     2.1602     1.0801
```

| 0 | 0 | 1.5811 |

4. 奇异值分解

任意一个 m×n 维的矩阵 X 可以分解为 X = USV'，U、V 均为酉矩阵，S 为 m×n 维的对角矩阵，其对角线元素为 X 的从大到小排序的非负奇异值。

[U,S,V] = svd(X)

示例：

A=[1 2 2;2 1 2;2 2 1]
[V,D] = eig(A)

结果：

A =

1	2	2
2	1	2
2	2	1

V =

0.6206	0.5306	0.5774
0.1492	-0.8027	0.5774
-0.7698	0.2722	0.5774

D =

-1.0000	0	0
0	-1.0000	0
0	0	5.0000

5. 特征值分解

特征值和特征向量在信号处理中十分重要，它通常用于判断矩阵的秩、决定线性空间的基底、判断系统稳定性以及系统分析中的信号分解。与特征分解相关的一些常用函数如下。

任意一个 n 阶方阵 X 可以分解为 XV = VD，其中 D 为 X 的特征值对角阵，V 为 X 的特征向量矩阵。

[V,D] = eig(X)
[V,D] = eig(X, Y)计算广义特征值矩阵 D 和广义特征值向量矩阵 V，使得 XV = YVD。

示例：

A=[1 2 2; 2 1 2; 2 2 1]
[V,D]=eig(A)

结果：

A=

1	2	1
2	1	2
2	2	1

V=

0.6015	0.5522	0.5774
0.1775	-0.7970	0.5774
-0.7789	0.2448	0.5774

D=

-1.0000	0	0
0	-1.0000	0
0	0	5.0000

以上示例对于输入的矩阵 A，通过 eig() 函数计算其特征分解，得到特征向量 V 和特征值 D，这里的特征向量和特征值是一一对应的。

6．Schur 分解

任意一个 n 阶方阵 X 可以分解为 X = URU'，其中 U 为酉矩阵，R 为上三角 schur 矩阵且其主对角线上的元素为 X 的特征值。

    [U,R] = schur(X)

示例：

    A =[1 2 2; 2 1 2; 2 2 1]
    [b, c] = schur(A)

结果：

A =

1	2	2
2	1	2
2	2	1

b =

0.6206	0.5306	0.5774
0.1492	-0.8027	0.5774
-0.7698	0.2722	0.5774

c =

-1.0000	0	0
0	-1.0000	0
0	0	5.0000

7．Jordan 标准型分解

MATLAB 中 Jordan 标准型分解用函数 jordan() 来实现，其调用格式为：

    [V,J] = jordan(A)

示例：

    A=[1 2 2; 2 1 2; 2 2 1];
    [V,J] = jordan(A)

结果：

```
V =
    1   -1   -1
    1    1    0
    1    0    1
J =
    5    0    0
    0   -1    0
    0    0   -1
```

1.3.3 数学计算函数

在仿真计算中，不可避免地要利用到各种数学表达式，数学表达式可以分解为多个基本的数学运算，一些常用函数的形式如表1-12所示。

表1-12 常用函数的形式

三角函数和双曲线函数			
函　　数	描　　述	函　　数	描　　述
sin	正弦（弧度）	asin	反正弦（弧度）
cos	余弦（弧度）	acos	反余弦（弧度）
sinh	双曲正弦（弧度）	asinh	反双曲正弦（弧度）
cosh	双曲余弦（弧度）	acosh	反双曲余弦（弧度）
tan	正切（弧度）	atan	反正弦（弧度）
cot	余切（弧度）	acot	反余切（弧度）
sec	正割（弧度）	asec	反正割（弧度）
csc	余割（弧度）	acsc	反余割（弧度）
sech	双曲正割（弧度）	asech	反双曲正割（弧度）
coth	双曲余切（弧度）	acoth	反双曲余切（弧度）
指数函数			
exp	指数	log10	常用对数（以10为底）
pow2	以2为底的指数	log	自然对数（以e为底）
log2	以2为底的对数并将浮点数分解成指数和尾数部分	sqrt	开平方根
取整函数和辅助函数			
ceil	向正无穷方向取整	floor	向负无穷方向取整
fix	向零取整	round	向最近整数取整
mod	除法求余（与除数同号）	rem	除法求余（与被除数同号）
sign	符号函数		

1.3.4 复数与复矩阵

MATLAB允许使用复数，它通常以实部和虚部表示。基础复数运算函数如表1-13所示。

表 1-13 基础复数运算函数

函　　数	描　　述
real(z)	计算 z 的实部
imag(z)	计算 z 的虚部
abs(z)	计算 z 的模值
angle(z)	计算 z 的相角

MATLAB 中定义了 i 和 j 为虚数单位，即 $i×i=-1$，$j×j=-1$。在此基础上，可以定义复数，这里给出复矩阵创建和运算的示例。

（1）给定 $A = \begin{bmatrix} 1-2i & 3-4i \\ 5-6i & 7-8i \end{bmatrix}$，$B = \begin{bmatrix} 1+2i & 5+6i \\ 3+4i & 7+8i \end{bmatrix}$，计算 $C = A \cdot B$，并计算其实部、虚部、模值和相角（real(), imag(), abs(), angle()）。

参考程序：

```
A=[1-2i,3-4i;5-6i,7-8i];        %%%  定义 A
B=[1+2i,5+6i;3+4i,7+8i];        %%%  定义 B
C=A*B                           %%%  计算 C
abs(C),real(C),imag(C),angle(C)
```

结果：

```
C =
1.0e+002 *
        0.3000              0.7000 - 0.0800i
        0.7000 + 0.0800i    1.7400

ans =
        30.0000    70.4557
        70.4557    174.0000

ans =
        30      70
        70      174

ans =
        0       -8
        8       0

ans =
        0       -0.1138
        0.1138  0
```

（2）给定 $z_1 = 1+2i$，$z_2 = 3+4i$，$z_3 = 5e^{\frac{\pi}{6}i}$，编程计算 $z = z_1 \cdot z_2 / z_3$。

程序代码如下：

```
z1 = 1+2i;
z2 = 3+3i;
z3 = 5*exp(i*pi/6);
z=z1*z2/z3
```

结果：

    z =

       0.3804 + 1.8588i

1.3.5 数组及其操作

MATLAB 中的数据通常是以数组形式表示的。数组为一组实数或复数数据。每一种运算和函数都是基于数组的。矩阵也是一种二维数组，其运算有着严格的定义，而数组运算是基于 MATLAB 规则的。这是两者的区别，读者应当注意。

一维数组创建可以采用直接赋值法或等间隔序列法，分别举例如下。

（1）直接赋值。

    X=[2 pi/2 sqrt(3) 3+5i];

（2）产生等间隔数组序列。

    X=a:inc:b;   %%% 按设定步长 inc 增加

说明：inc 是步长；a 为初始元素；如果(b-a)是 inc 的整数倍，b 为末尾元素，否则末尾元素不应比 b 更大。inc 可以为正可以为负，也可以省略，省略时的默认步长为 1。

    x=linspace(a,b,n)   %%% 固定步长均匀抽样法

说明：这种方法是在 a 和 b 间均匀地抽取 n 个点，它等效于指令 x=a:(b-a)/(n-1):b，如：

    x =1:0.5:5

运行的结果：

    x =

      1.0000 1.5000 2.0000 2.5000 3.0000 3.5000 4.0000 4.5000 5.0000

    x=linspace(1,5,9)

结果为：

    x =

      1.0000 1.5000 2.0000 2.5000 3.0000 3.5000 4.0000 4.5000 5.0000

其他常用的数组操作函数如表 1-14 所示。

表 1-14 创建数组的常用函数

函 数	描 述	函 数	描 述
diag	创建对角矩阵或得到矩阵的对角线元素	rand	均匀分布的伪随机数
linspace	生成等间距向量	zeros	生成全为 0 的数组
eye	单位矩阵	ones	生成全为 1 的数组

数组操作函数应用示例如下。

（1）x= rand(3)

结果：

```
x =
     0.8147    0.9134    0.2785
     0.9058    0.6324    0.5469
     0.1270    0.0975    0.9575
```

（2）x= eye(3,2,'int8')

结果：

```
x =
     1    0
     0    1
     0    0
```

常用的数组运算函数如表 1-15 所示。

表 1-15　数组运算函数

函　　数	描　　述
cat	把"大小"相同的若干数组，沿"指定维"方向，串接成高维数组
ctranspose	复共轭转置
flipud	数组上下翻转
fliplr	数组左右翻转
rot90	将数组逆时针旋转 90°
repmat	按指定的"行数、列数"铺放模块数组，以形成更大的数组
reshape	在总元素数不变的前提下，改变数组的"行数、列数"

MATLAB 软件提供的函数很多，在后面的讲解和仿真中，我们还会结合一些具体的案例给出其他一些有用的函数。

1.4　MATLAB 绘图

MATLAB 提供了多种图形绘制函数，如表 1-16 所示。其中常用的绘图指令有 plot()、stem()、polar()。plot()是绘制二维图形的基本函数，stem()用于绘制离散数据，polar()则用来绘制极坐标图像。

表 1-16　二维图形绘制函数

指　令　名	含义和功能	指　令　名	含义和功能
plot	基本二维图形绘制指令	stem	二维杆图；主要用于绘制离散数据
polar	以极坐标绘制曲线	bar	直方图；主用于数据统计
scatter	散点图	pie	饼图；以极坐标形式统计数据

1.4.1　plot()绘制二维图形

"plot"的基本调用格式：

（1） plot(x, 's')

如果 x 是一个实数向量，plot()将会绘制一条连续曲线，元素下标为横坐标，元素值为纵坐标。

如果 x 是一个实数矩阵，plot()将会按列绘制曲线，曲线数即为列向量数。

如果 x 是一个复数矩阵，plot()将会按列，以实部为横坐标、虚部为纵坐标绘制多条曲线。

"s" 用于决定线条的类型、颜色和数据点的类型，取值含义如表 1-17 所示。

表 1-17　s 取值列表

线条类型	符号	-		:		-.		--	
	含义	细实线		虚点线		点画线		虚画线	
颜色	符号	b	g	r	c	m	y	k	w
	含义	蓝	绿	红	青	品红	黄	黑	白
绘点类型	符号	.	+	*	^	<	>	∨	
	含义	点	加号	星号	上三角	左三角	右三角	下三角	
	符号	h	o	p	s	x	d		
	含义	六角星	圆	五角星	正方形	叉字符	菱形		

示例：绘制均值为 0，方差分别为 1、2 的正态分布，且密度函数在[-2, 2]之间的曲线。

```
x=[-2:0.1:2]';
for i=1:2;
    y(:,i)=1/sqrt(2*pi*i)*exp(-1/(2*i)*x.^2);%%%  信号 y
end;
plot(y);
```

程序运行结果如图 1-9 所示。

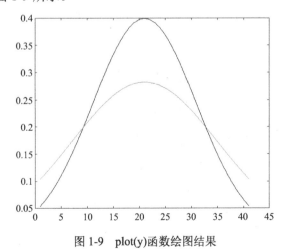

图 1-9　plot(y)函数绘图结果

（2）plot(x, y, 's')

如果 x、y 是相同大小的向量，plot()会以 x 为横坐标、y 为纵坐标绘图。

如果 x、y 两个输入量中有一个是一维数组时，且该数组的长度与另一个输入量的"行数"

（或"列数"）相等，那么将绘制出"列数"（或"行数"）条曲线。

（3）plot(x1, y1, 's1', x2, y2, 's2', …)

等价于重复使用指令 "plot(x, y, 's')"。

应用示例：

绘制衰减振荡曲线 $y = e^{-t/3}\sin 3t$ 以及它的包络曲线 $y_0 = e^{-t/3}$，$t \in [0, 4\pi]$。

```
t=0:pi/50:4*pi;
y0=exp(-t/3);                        %%%   包络曲线
y=exp(-t/3).*sin(3*t);               %%%   振荡曲线
plot(t,y,'-r',t,y0,':b',t,-y0,':b');
```

程序运行结果如图 1-10 所示。

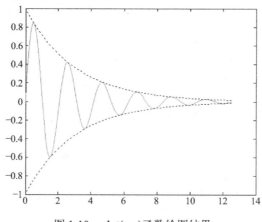

图 1-10　plot(x,y)函数绘图结果

1.4.2　stem()绘制离散数据

（1）stem(y)

如果 y 是一个实数向量，stem() 会以元素下标为横坐标、元素值为纵坐标绘图。

如果 y 是一个矩阵，stem() 会以不同颜色绘制各个列向量。

如果 y 是一个复数矩阵，stem() 会以实部为横坐标、虚部为纵坐标绘制图形。

（2）stem(x, y)

以 x 为自变量、y 为因变量绘制序列。

（3）stem(x, y, 's')

类似于 plot()，s 取值如表 1-17 所示。

（4）stem(x, y, 'fill')

将图形中的空心圆填充为实心圆。

以 sin(x)、sin(3x) 为例，用 stem() 函数绘制离散图形的应用示例：

```
x=[0:0.1:8]';
y(:,1)=sin(x);
y(:,2)=sin(3*x);
stem(y);
```

程序运行结果如图 1-11 所示。

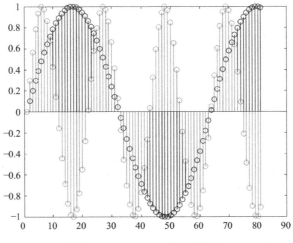

图 1-11　stem(y)函数绘图结果

1.4.3　polar()极坐标图

绘图的函数用法为：

polar(theta, rho, 's')

在原点周围，以角度为自变量、半径为因变量绘制极坐标图。

设有天线方向图：$f(\theta) = |\sin 6(\beta/2) / \sin(\beta/2)|$，可以在极坐标平面上绘制天线图，程序如下。

```
theta=linspace(0,2*pi,361);
beita=pi*sin(theta);
a=abs(sin(3*beita)./(6*sin(0.5*beita)));
polar(theta,a);
```

程序运行结果如图 1-12 所示。

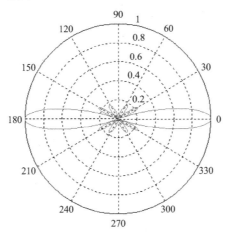

图 1-12　polar 函数绘图结果

1.4.4 图形标记和控制指令

在 MATLAB 中完整地绘制图形通常采用以下步骤。

（1）准备数据。

（2）设置当前绘图区。

（3）绘制图形。

（4）设置图形中曲线和标记点格式。

（5）设置坐标轴和网线格属性。

（6）标注图形。

参考代码：

```
t=0:.04:2*pi;
y1=sin(t);                              %%%  定义三个信号
y2=sin(t).*sin(10*t);
y3=y1+y2;
figure;
subplot(221);                           %%%  绘制第一个图形
plot(t,y1,'r.');                        %%%  在第一个图形上绘制
axis([0,2*pi,-1 1]);
title('subfigure1');
xlabel('t'),ylabel('y1');               %%%  标注坐标轴
text(3,0.5,'y1=sin(t)');                %%%  在特定位置标注信号名称
grid on;
subplot(222);                           %%%  绘制第二个图形
plot(t,y2,'b-*');
axis([0,2*pi,-1.5 1.5]);
xlabel('t');ylabel('y2');
title('subfigure2');
text(1,1.3,'y2=sin(t).*sin(3*t)');
grid on;
subplot('position',[0.17,0.1,0.7,0.35]);   %%%  绘制第三个图形
plot(t,y3,'kx-');
xlabel('t'),ylabel('y3');
title('subfigure3');
axis([0,2*pi,-2,2]);grid on;
text(3,0.5,'y3=y1+y2');
```

图形标记案例结果如图 1-13 所示。

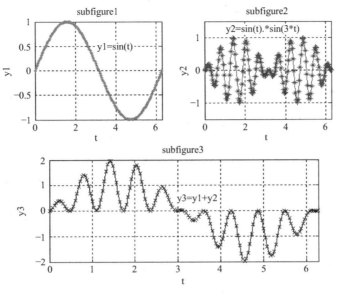

图1-13 图形标记案例结果

1.4.5 图形生成与控制

在绘图显示处理结果中，经常用到的一些指令如表1-18所示。

表1-18 相关指令

指　　令	含　　义
figure(n)	生成图形n（若不存在，则打开新窗口）
H=figure(n)	返回图形对象的句柄
subplot(m,n,k)	当前图形为m*n个图形中的第k个
close	关闭图形窗口
clf	清除当前图形

1.4.6 坐标轴生成和控制

轴线控制指令axis的应用如表1-19所示。

表1-19 坐标轴控制语句

指　　令	含　　义
axis auto	设置系统到它的默认动作——自动计算当前轴的范围
axis manual	把坐标固定在当前范围
axis off	关闭所有轴线、刻度和标签
axis on	显示所有轴线、刻度和标签
axis ij	将坐标原点设在左上角

在 MATLAB 中对 axis 的控制还有很多命令，这里仅给出了几个常用的示例，读者通过查阅 MATLAB 的 Help 功能，可以查到其他的控制命令和各个命令的详细使用规则。

1.4.7　网格、边框、保持

在绘图中，网格、边框及图像保持等都是常用的命令，其含义说明如表 1-20 所示。

表 1-20　网格、边框、保持

指　　令	含　　义
grid	二维或三维绘图的网格
grid on	在当前坐标轴添加网格线
grid off	撤销当前坐标轴的所有网格线
box	坐标轴边框
hold on	保持当前坐标下的图形不变，添加新的图形
hold off	关闭图形保持功能，重置坐标轴设置

示例程序：

绘制三维图形：$z = \dfrac{\sin(\sqrt{x^2 + y^2})}{\sqrt{x^2 + y^2}}$，$(x, y) \in [-8, 8]$

```
x=-8:0.5:8;
y=x';
X=ones(size(y))*x;
Y=y*ones(size(x));
R=sqrt(X.^2+Y.^2)+eps;
Z=sin(R)./R;
mesh(X,Y,Z);
colormap(hot);
xlabel('x');ylabel('y');,zlabel('z');
```

用网格表示三维图形如图 1-14 所示。

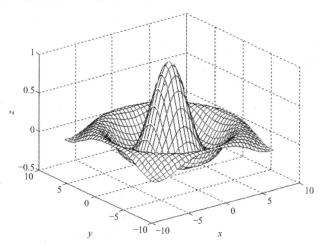

图 1-14　用网格表示三维图形

绘图示例：

绘制正弦信号的图形，我们可以使用以下参考代码。

绘制离散杆状图参考代码：

```
x= -pi : 0.1 :pi;
y = sin(x);
stem(y);
```

绘制连续曲线参考代码：

```
plot(x , y);
plot(x, sin(x), x, cos(x));
```

正弦信号图形绘制结果如图 1-15 所示。

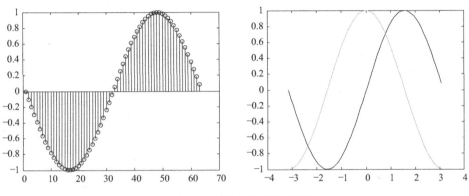

图 1-15　正弦信号图形绘制结果

1.4.8　图形注释

为了便于对所绘图形的理解或区分不同的结果，需要在图形中做适当的标注，这种标注可以通过编程实现，具体的应用举例如下。

```
x=-pi : 0.1 :2*pi;               %%%  变量 x
plot(x, sin(x), x, cos(x));      %%%  绘制正弦和余弦曲线
axis([0, 6, -1.2, 1.2]);         %%%  两个坐标轴的范围
xlabel('Input singal');          %%%  x 轴的标注
ylabel('Out signal');            %%%  y 轴的标注
title('Two trigonometric functions');   %%%  图的标题
legend('y=sin(x)','y=cos(x)');   %%%  标注图例
grid on;                         %%%  图中的网格线
```

以上的图形标注在后文中会经常用到，也是使所绘图形容易理解的基础。

1.4.9　绘制嵌入窗口

使用 subplot 指令可以同时在相同的窗口绘制多幅图形，该功能在前文中已有使用，在上面给出了变量 x 的基础上，可以利用子窗口绘制图形。

```
subplot(2,2,1); plot(x, sin(x));
```

```
subplot(2,2,2); plot(x, cos(x));
subplot(2,2,3); plot(x, sinh(x));
subplot(2,2,4); plot(x, cosh(x));
```

图形标注和多幅图绘制如图 1-16 所示。

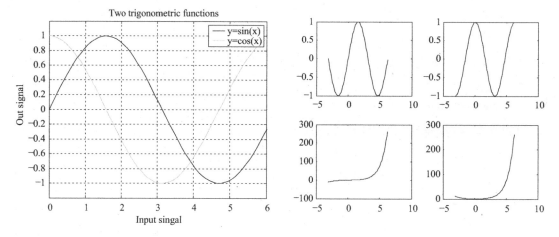

图 1-16 图形标注和多幅图绘制

1.4.10 三维图形绘制

常用的三维图形绘制包括：三维散点绘制、三维曲线绘制和三维曲面绘制。以下内容将分别介绍这三类图形的绘制方法。

1．三维散点

使用 scatter3()函数可以绘制空间散点图，scatter3()的调用格式如下。

```
scatter3(X, Y, Z, S, C)
```

其中，向量 X、Y、Z 分别为空间点序列的三维坐标，S 为散点的面积大小，C 为散点的颜色。

示例：绘制三维散点。

```
x=rand(500,1);
y=randn(500,1);
z=randn(500,1);
scatter3(x,y,z,20,'r')
title('Scatters in 3-D Space');
xlabel('X');ylabel('Y');zlabel('Z');
```

绘制结果如图 1-17 所示。

2．三维曲线

plot3()函数与 plot()函数用法十分相似，其调用格式为：

```
plot3(x1, y1, z1, 选项 1, x2, y2, z2, 选项 2,…, xn, yn, zn, 选项 n)
```

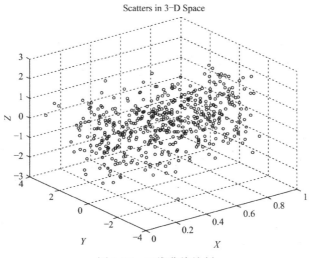

图 1-17 三维曲线绘制

其中每一组 x、y、z 组成一组曲线的坐标参数，选项的定义和 plot()函数相同。当 x、y、z 是同维向量时，则 x、y、z 对应元素构成一条三维曲线。当 x、y、z 是同维矩阵时，则以 x、y、z 对应列元素绘制三维曲线，曲线条数等于矩阵列数。

示例：绘制三维曲线。

```
t=0:pi/100:20*pi;
x=sin(t);
y=cos(t);
z=t.*sin(t).*cos(t);
plot3(x,y,z);
title('Line in 3-D Space');
xlabel('X');ylabel('Y');zlabel('Z');
```

绘图结果如图 1-18 所示。

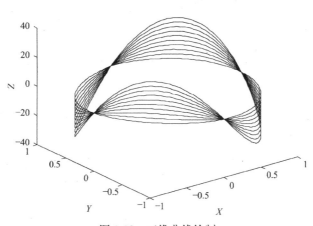

图 1-18 三维曲线绘制

3．三维曲面

在 MATLAB 中，利用 meshgrid()函数产生平面区域内的网格坐标矩阵。其格式为：

    x=a:d1:b;
    y=c:d2:d;
    [X,Y]=meshgrid(x,y);

语句执行后，矩阵 X 的每一行都是向量 x，行数等于向量 y 的元素的个数，矩阵 Y 的每一列都是向量 y，列数等于向量 x 的元素的个数。

常用的绘制三维曲面的函数如 mesh()函数和 surf()函数，其调用格式如下。

mesh(x, y, z, c)：画网格曲面，将数据点在空间中描出，并连成网格。

surf(x, y, z, c)：画完整曲面，将数据点所表示曲面画出。

一般情况下，x、y、z 是维数相同的矩阵。x、y 是网格坐标矩阵，z 是网格点上的高度矩阵，c 用于指定在不同高度下的颜色范围。

示例：绘制三维曲面图 z=sin(x+sin(y))-x/10。

    [x,y]=meshgrid(0:0.25:4*pi);   %%%   在二维区域生成网格
    z=sin(x+sin(y))-x/10;
    mesh(x,y,z);   %%%   绘制三维图
    axis([0 4*pi 0 4*pi -2.5 1]);
    title('三维曲面图');
    xlabel('X');ylabel('Y');zlabel('Z');

绘制结果如图 1-19 所示。

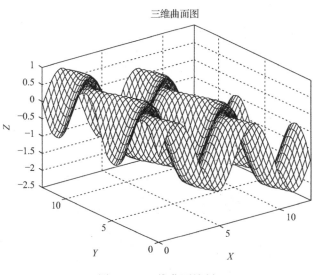

图 1-19　三维曲面绘制

此外，还有带等高线的三维网格曲面函数 meshc()和带底座的三维网格曲面函数 meshz()。其用法与 mesh()类似，不同的是 meshc()还在 xy 平面上绘制曲面在 z 轴方向的等高线，meshz()还在 xy 平面上绘制曲面的底座。

应用示例：在 xy 平面内选择区域[-8, 8]×[-8, 8]，绘制四种三维曲面图。

```
[x,y]=meshgrid(-8:0.5:8);                    %%%   生成网格坐标
z=sin(sqrt(x.^2+y.^2))./sqrt(x.^2+y.^2+eps);
subplot(2,2,1);                              %%%   绘制第一个子图形
mesh(x,y,z);                                 %%%   画网格曲面
title('mesh(x,y,z)')
xlabel('X');ylabel('Y');zlabel('Z');
subplot(2,2,2);                              %%%   绘制第二个子图形
meshc(x,y,z);                                %%%   绘制等高线三维网格曲面
title('meshc(x,y,z)')
xlabel('X');ylabel('Y');zlabel('Z');
subplot(2,2,3);                              %%%   绘制第三个子图形
meshz(x,y,z);                                %%%   绘制带底座的三维曲面
title('meshz(x,y,z)')
xlabel('X');ylabel('Y');zlabel('Z');
subplot(2,2,4);                              %%%   绘制第四个子图形
surf(x,y,z);                                 %%%   绘制三维曲面
title('surf(x,y,z)')
xlabel('X');ylabel('Y');zlabel('Z');
```

绘制结果如图 1-20 所示。

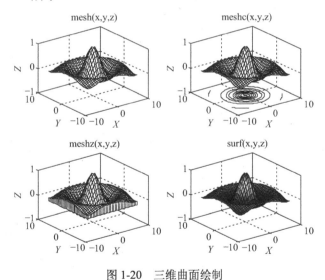

图 1-20　三维曲面绘制

1.5　M 程序设计

数值计算、符号计算、图形绘制及图像处理，都是通过命令窗口的交互式命令来实现计算处理的。采用这种交互方式的优点是操作方便简单、设计结果直观，适用于 MATLAB 初学者；缺点是设计工作不集中，设计效率较低，对于 MATLAB 精通者显得过于烦琐，浪费时间。事实上，通过 MATLAB 编程，可以利用程序设计进一步提高设计效率，求解复杂性更高或特

殊的计算问题。

1.5.1 M 文件的启动

MATLAB 编程语言属于第四代编程语言，具有程序简洁、可读性强、调试容易、编程效率高、易移植、易维护等特点。其语法类似于一般高级程序语言（如 C、C++等），可以根据自己的语法规则进行程序设计，但它的语法比一般的高级程序语言更简单，程序也更容易调试，并且有很好的交互性。

启动 M 文件的编辑器的方式有三种。

（1）创建一个新的 M 文件时，可以启动 M 文件编辑器，具体方法是执行 MATLAB 菜单项"File"→"New"→"Script"命令，如图 1-21 所示。

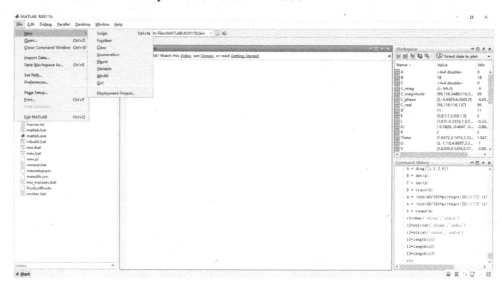

图 1-21　创建新的 M 文件

（2）使用编辑器/调试器打开一个已经存在的 M 文件，如图 1-22 所示。

图 1-22　打开已有的 M 文件

（3）不启动 MATLAB，只打开编辑器。由于这个时候没有 MATLAB 环境的支持，所以不能对 M 文件进行调试。

1.5.2 M 文件形式

M 文件是 MATLAB 环境下编写的程序文件。根据 M 文件的不同作用，该文件可分为脚本文件和函数文件两种。简单地说，脚本文件不需要输入参数，也不输出参数，只是按照文件中制定的顺序执行命令序列。而函数文件接收其他数据作为输入参数，并且可以返回数据。

M 文件通常会包含以下内容。

（1）注释说明。

使用注释符%，通常用来说明该段程序的用途，作为 lookfor 指令的搜索信息。

（2）定义变量。

定义程序可能使用的变量，包括全局变量的声明及参数值的设定。

（3）控制结构。

决定程序的执行流程，可以采用顺序、分支、循环等控制结构，可以使用 for、if-else、switch、while 等语句来生成。

（4）逐行执行命令。

根据执行顺序，执行 MATLAB 命令，可以是 MATLAB 提供的运算指令或者工具箱提供的专用命令，实现对变量的计算、输入/输出等功能。

（5）结束说明。

使用关键字 end，表明程序结束。MATLAB 对语法要求松散，也可以不使用该关键字。

可见，在 MATLAB 编程工作方式下，需要重点设计的 M 文件内容包括：数据结构、控制流和数据处理方法。

脚本是一个扩展名为.m 的文件，其中包含了 MATLAB 的各种命令，与批处理文件类似，在 MATLAB 命令窗口下直接输入此文件的主文档名，MATLAB 可逐一执行在此文件内的所有命令，和在命令窗口逐行输入这些命令一样。脚本式 M 文件运行产生的所有变量都是全局变量，运行脚本后，所产生的所有变量都驻留在 MATLAB 基本工作空间内，只要用户不使用 clear 命令加以清除，且 MATLAB 指令窗口不关闭，这些变量将一直保存。基本空间随 MATLAB 的启动而产生，在关闭 MATLAB 软件时该基本空间被删除。

示例：

启动 M 文件编辑器，创建一个新的 M 文件 new.m，文件内容如下。

```
clc;
close all;
clear all;
x=-5:0.25:5;
y=x;
[X,Y]=meshgrid(x,y);
Z=X.^2+Y.^2;
figure;
subplot(211);mesh(Z);
xlabel('x');ylabel('y');,zlabel('z');
subplot(212);h=mesh(Z);
xlabel('x');ylabel('y');,zlabel('z');
set(h,'FaceColor','m','edgecolor',[1,1,1],'marker','o', 'markeredgecolor','b')
```

执行结果如图 1-23 所示。

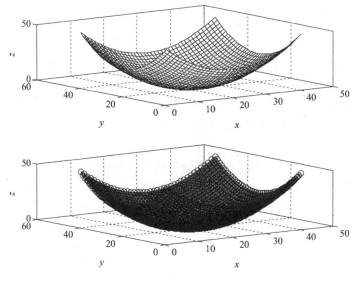

图 1-23　M 脚本文件执行结果

函数文件说明如下。

函数文件用于 MATLAB 应用程序的扩展编程，生成需要输入/输出参数的命令。函数文件的文件名称与定义的函数名称一致，像 MATLAB 内置的其他命令一样使用。当用户调用函数时，该 M 文件的各条语句顺序执行，在运行过程中产生的内部变量默认为局部变量，且不能访问工作空间。

函数文件的基本格式如下。

```
fuction [输出参数] = 函数名(输入参数列表)
     注释说明语句段
程序语句段
end
```

其中，第一行为函数定义行，定义了函数的名称、输入和输出参数的数目和顺序；第二行开始为注释说明语句段，以注释符%开头，说明用于帮助文件的简要信息；最后一段为程序语句段，实现函数的主体功能。

示例：

（1）使用 M 文件编辑命令文件，使用 for 结构计算 $1! +2! +3! + \cdots +N!$ 的值。

启动 M 文件编辑器，创建一个新的 M 文件 Sum_all.m，具体内容如下。

```
function sum1 = Sum_all(N)
sum1=0;
for i=1:N
    pdr=1;
    for k=1:i
        pdr=pdr*k;
    end
```

```
        sum1=sum1+pdr;
    end
```

然后，在命令窗口中输入：

```
Sum_all(5)
```

结果：

```
ans =
    153
```

（2）使用脚本文件和函数文件实现两个变量平方和的计算。

启动 M 文件编辑器，创建一个新的 M 文件 main.m，具体内容如下。

```
a = input('请输入变量 a 的值:');
b = input('请输入变量 b 的值:');
c = calc(a,b)
```

然后再次使用 MATLAB 创建名为 calc.m 的子函数文件，具体内容如下。

```
function c = calc(a,b)
    c = a^2 + b^2;
end
```

最后执行主程序 main.m，命令行窗口的结果如下。

在输入变量 a 的值为 1 和变量 b 的值为 2 时得到运行结果：

```
c =
    5
```

局部变量和全局变量说明如下。

根据变量的作用范围，变量可以划分为局部变量和全局变量。

如果一个函数内的变量没有特殊声明，那么这个变量只在函数内部使用，也就是局部变量。若无特殊声明，函数体内的变量默认都为局部变量。如果两个或多个函数需要共享一个变量，那么可以在函数体内使用 global 命令将该变量声明为全局变量。全局变量可以减少参数的传递，合理利用全局变量可以提高程序执行的效率。

示例：使用包含全局变量的脚本文件和函数文件实现两个变量平方和的计算。

启动 M 文件编辑器，创建一个新的 M 文件 main.m，具体内容如下。

```
global a;
global b;
a = input('请输入变量 a 的值:');
b = input('请输入变量 b 的值:');
c = calc1()
```

然后再次使用 MATLAB 创建名为 calc1.m 的子函数文件，具体内容如下。

```
function c = calc1()
global a;
global b;
```

```
        c = a^2 + b^2;
    end
```

最后执行主程序 main.m，命令行窗口的结果如下。

```
请输入变量 a 的值:1
请输入变量 b 的值:2
c =
    5
```

1.5.3　控制结构

在 MATLAB 中，控制结构主要包括了分支结构、循环结构、控制循环结构，另外还有一些其他的结构，这里分别进行说明。

1．分支结构

if-elseif-else-end 是程序流的一种条件分支控制结构。可以被分为单分支结构、双分支结构、多分支结构三种使用方式，如表 1-21 所示。

表 1-21　分支结构列表

单分支结构	双分支结构	多分支结构
if 条件表达式 　程序模块 end	if 条件表达式 1 　程序模块 1 else 　程序模块 2 end	if 条件表达式 1 　程序模块 1 elseif 条件表达式 2 　程序模块 2 else 　程序模块 3 end

if 后为条件表达式，该条件表达式的运算结果为标量逻辑值 1 或 0。满足条件表达式时，即标量逻辑值为 1 时，执行程序模块。每一个 if 都有一个 end 与之对应。

满足条件表达式 1 时执行程序模块 1，否则执行程序模块 2。如果条件表达式为空数组，即条件表达式 1 的标量逻辑值为 0，则此分支不被执行。

多分支结构可以被 switch-case 分支结构取代。

switch-case 是一种可以用来切换多分支控制的结构。

```
switch 判断表达式
    case 数值 1
        程序模块 1
    case 数值 2
        程序模块 2
    …
    otherwise
```

程序模块 n

　　　　end

　　switch 后为判断表达式，将判断表达式的值依次与各个 case 指令后面的数值进行比较。如果比较结果为假，则取下一个 case 后的数值进行比较；如果比较结果为真，则执行相应的程序模块。

　　判断表达式的值只能是标量数值或者标量字符串。case 指令后面的检测值可以是标量值、字符串和胞元数组。

　　若数值为胞元数组，将对表达式中的值与胞元数组中的所有元素进行比较，如果胞元数组中某个元素和表达式的值相等，则逻辑值为真，执行相应的程序模块。

　　示例：设计一个程序，使用 if 结构实现：判断输入年份为闰年还是平年。

```
if(mod(year,4)==0 && mod(year,100)~=0 || mod(year,400)==0)
        disp('闰年');
    else
            disp('平年');
    end
```

　　示例：设计一个程序，使用 switch 结构实现：将百分制成绩转换为 ABCDE 计分制。

```
b = fix(score/10);
switch b
    case {10,9}
        disp('A')
    case 8
        disp('B');
    case 7
        disp('C');
    case 6
        disp('D');
    otherwise
        disp('E');
end
```

2．循环结构

　　循环结构可以由两种语句结构实现，即 for 和 while 语句。但是循环结构的执行效率比较低，应尽量避免使用。

```
for 循环变量 = 起始值：步长：终止值
    循环体
end
```

　　循环变量依次取值，每取一个元素，就运行循环体指令一次，直到循环变量取值大于终止值跳出该循环为止。每一个 for 都有一个 end 与之对应。for 的循环次数是确定的。

```
while 控制表达式
    循环体
```

end

对于每次循环，只要控制表达式为逻辑真，就执行循环体程序，否则结束循环。while 的循环次数是不确定的。

示例：设计一个程序，使用 for 结构实现：输出 1～a 范围内的所有素数。

```
ss = 0;
prime = [];
for i=2:a-1
    for j=2:fix(i/2)
        if mod(i,j)==0
            ss=0;
            break;
        else
            ss=1;
        end
    end
    if ss==1
        prime=[prime,i];
    end
end
```

3．其他结构

try catch 语句是对异常进行处理的语句。在程序设计时，把可能引起异常的语句放在 try 模块中。当 try 模块中的语句引起异常时，catch 模块就可以捕获到异常，并针对不同的错误类型进行不同的处理。

return 语句使当前正在运行的函数正常退出，并返回到调用它的函数处继续进行。这个语句经常被放在函数的末尾，用来结束函数的运行。也可以放在函数的其他地方，通过对某条件进行判断来决定程序执行流程。如果满足条件要求，则调用 return 语句终止当前运行，并返回到调用它的函数环境。

echo on/off 语句用来控制是否显示正在执行的语句，on 表示肯定，off 表示否定。系统的默认状态是 off。

pause 语句表示程序执行到此处时暂停几秒，使用方法：pause(n)，输入任意键后继续执行。

keyboard 语句表示程序执行到此处时暂停，屏幕显示命令提示符 "K>>"，用户可以做任何操作，恢复运行时输入 return。

input("提示符")语句表示程序执行到此处暂停，屏幕显示引号中的字符串，要求用户输入数据，经常用来要求用户通过键盘输入动态数据。

第 2 章　信号的图形表示

信号在本质上是一种物理现象或物理量，对信号的描述有很多方法，如数学表达式、图形图像等，在本书中，为了能够直观分析和观察所观测对象的性质，尽可能地采用图形方式对信号进行表示。作为全书的基础，本章对常见信号的 MATLAB 图形表示方法进行介绍和练习，并对信号的运算进行说明和仿真。

2.1　常见信号的图形表示

在第 1 章学习了基础的 MATLAB 操作和函数后，我们可以利用 MATLAB 来绘制信号，实现信号的图形表示。一般而言，信号可以分为连续信号和离散信号。如果在所讨论的时间间隔内，除若干个不连续点外，对于任意时刻都可以给出确定的信号值，此信号就称为连续信号。而离散信号在时间上是离散的，只在某些不连续的时刻给出函数值。实际上，MATLAB 数值计算的方法并不能处理连续信号，但可以利用在等时间间隔点的取样值来近似表示连续信号，即当取样时间间隔足够小时，这些离散样值能够被 MATLAB 处理，并且能较好地近似表示连续信号。

MATLAB 软件提供了丰富的基本信号函数，如常见的三角函数信号、指数信号等。通过绘制常用信号，进一步熟悉 MATLAB 的应用，也为后续仿真实验开展和结果分析奠定基础。本章内容是本书内容的基础，也是进行信号与系统课程学习中开展 MATLAB 仿真的基础，通过本章的学习，不仅要学会利用 MATLAB 软件绘制常见信号图形，还要练习借助 MATLAB 软件观察并分析信号的波形和特性。

信号的种类有很多，这里仅给出部分典型信号，在此基础上，读者可以图形表示更复杂的信号。

2.1.1　常见连续信号

这里对指数信号等七种信号进行简要说明。

1. 指数信号

指数信号的表达式为：

$$f(t) = Ke^{at} \tag{2.1.1}$$

式中，K 和 a 均为实数，为讨论方便，我们不妨假定 $K > 0$。若 $a > 0$，信号将随时间增加而增长；若 $a < 0$，信号则随时间增加而衰减；若 $a = 0$，信号不随时间而变化，也即直流信号。常数 K 表示指数信号在 $t = 0$ 处的初始值。

指数 a 的绝对值大小反映了信号增长或衰减的速率，$|a|$ 越大，增长或衰减速率越快。通常，把 $|a|$ 的倒数 $\tau = 1/|a|$ 称为指数信号的时间常数。指数信号的一个重要特性是它对时间的微分和积分仍然是指数形式。

2. 正弦信号

正弦信号和余弦信号的区别在于在相位上相差 $\pi/2$，可以统称为正弦信号，一般写作：

$$f(t) = K\sin(\omega t + \theta) \tag{2.1.2}$$

式中，K 为振幅；ω 为角频率；θ 为初相位。

正弦信号是周期信号，其周期 T 与角频率 ω 和频率 f 满足如下关系式：

$$T = \frac{2\pi}{\omega} = \frac{1}{f} \tag{2.1.3}$$

3. 复指数信号

如果指数信号的指数因子为一复数，则称为复指数信号，其表达式为：

$$f(t) = Ke^{st} \tag{2.1.4}$$

其中

$$s = \sigma + j\omega \tag{2.1.5}$$

式中，σ 为复数 s 的实部，ω 是其虚部，利用欧拉公式将式（2.1.4）展开，可得到：

$$Ke^{st} = Ke^{(\sigma+j\omega)t} = Ke^{\sigma t}\cos(\omega t) + jKe^{\sigma t}\sin(\omega t) \tag{2.1.6}$$

由式（2.1.6）可以看出，复指数信号可以分为实部与虚部两组信号。其中，实部包含余弦信号，虚部则包含正弦信号，其振幅随时间变化情况由 σ 表征。若 $\sigma > 0$，正弦和余弦信号振幅随时间按指数增长；若 $\sigma < 0$，正弦和余弦信号振幅随时间按指数衰减；若 $\sigma = 0$，正弦和余弦信号做等幅振荡。当 $\omega = 0$ 时，复指数信号即为一般指数信号，特别是当 $\sigma = 0$、$\omega = 0$ 时，信号成为直流信号。复指数信号的特性使得它可以描述多种基本信号，如直流信号、正弦信号和指数信号等，因此在信号分析中，复指数信号是一种非常重要的基本信号。

欧拉公式把复指数信号和正弦信号联系了起来，它们之间的关系如下。

$$e^{j\omega t} = \cos(\omega t) + j\sin(\omega t)$$
$$\cos(\omega t) = (e^{j\omega t} + e^{-j\omega t})/2 \tag{2.1.7}$$
$$\sin(\omega t) = (e^{j\omega t} - e^{-j\omega t})/j2$$

式（2.1.7）中的 $\cos(\omega t)$ 和 $\sin(\omega t)$ 分别表示了信号 $e^{j\omega t}$ 的实部和虚部，它们本身也是一对正交信号。

4. 抽样信号

抽样信号一般特指 $Sa(t)$，其定义式如下。

$$Sa(t) = \frac{\sin t}{t} \tag{2.1.8}$$

$Sa(t)$ 为偶函数，并且函数振幅随 $|t|$ 增长而衰减。MATLAB 中有类似的 $\sin c(t)$，定义如下。

$$\sin c(t) = \frac{\sin(\pi t)}{\pi t} \tag{2.1.9}$$

由式（2.1.9）可知，$Sa(t)$ 与 $\sin c(t)$ 的关系为 $\sin c(t) = Sa(\pi t)$。

5. 矩形脉冲信号

一个宽度为 T 的矩形脉冲信号表达式如下。

$$\text{rect}(t/T) = \begin{cases} 1, |t| \leqslant T/2 \\ 0, |t| > T/2 \end{cases} \tag{2.1.10}$$

该信号在 MATLAB 中可用 rectpuls( ) 函数产生。

6. 单位阶跃信号

单位阶跃信号常以符号 $u(t)$ 表示。

$$u(t) = \begin{cases} 1, t > 0 \\ 0, t < 0 \end{cases} \tag{2.1.11}$$

该信号在 MATLAB 中可使用 Heaviside( ) 函数产生，并且该函数定义 $t = 0$ 时刻，$u(t) = 1/2$。

7. 单位冲激信号

单位冲激信号 $\delta(t)$ 是作用时间极其短暂、作用值很大且积分有限的一种理想化信号。狄拉克给出 $\delta(t)$ 的一种经典定义如下。

$$\begin{cases} \int_{-\infty}^{\infty} \delta(t)\mathrm{d}t = 1 \\ \delta(t) = 0 (t \neq 0) \end{cases} \tag{2.1.12}$$

在 MATLAB 中定义了单位冲激函数为 dirac( )。冲激信号及其延时的线性组合可用来表示或逼近复杂的信号，在信号分析与处理中有着重要的作用。冲激信号有一些非常重要的性质，通过引入冲激信号，可以使得信号分析和处理过程变得简便。这里给出冲激信号的采样性质如下（有的文献中也称冲激信号为采样信号，就是为了体现冲激信号的采样性质）。

$$x(t)\delta(t) = x(0)\delta(t)$$
$$x(t)\delta(t - t_0) = x(t_0)\delta(t - t_0) \tag{2.1.13}$$
$$\int_{-\infty}^{+\infty} x(t)\delta(t - t_0)\mathrm{d}t = x(t_0)$$

由采样性质可以看出，任意信号与冲激信号相乘，则只有某个时刻的信号值被保留，相当于对当前时刻的信号采样。

对于单位冲激信号和单位阶跃信号，它们之间存在如下式所示的关系。单位阶跃信号可以通过对单位冲激信号的积分运算得到，而单位冲激信号可以通过对单位阶跃信号的求导得到。

$$\delta(t) = \frac{\mathrm{d}u(t)}{\mathrm{d}t}$$
$$u(t) = \int_{-\infty}^{t} \delta(\tau)\mathrm{d}\tau \tag{2.1.14}$$

2.1.2 常见离散信号

离散信号是指只在某些离散瞬时给出函数值的时间函数，它是时间上不连续的"序列"。通常，给出函数值的离散时刻的间隔是均匀的。如果该间隔为 T，此离散时间信号可以用 $x(nT)$

表示，其中 n 取整数（$n=0,\pm1,\pm2,\cdots$），或者可以直接简记为 $x(n)$。通常，把对应某序号 n 的函数值称为在第 n 个样点的"样值"。如某人每天在办公室工作的时间，就是一个以日期为横坐标的离散序列，如图 2-1 所示给出了某研究生某一个月从 1 日到 15 日在实验室的工作时间。

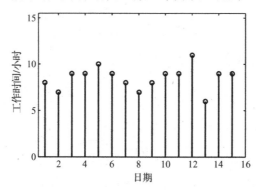

图 2-1　离散信号举例

如果离散时间信号的幅值是连续的，则又可称为抽样信号，如果其幅值也被限定为某些离散值，即时间与幅度取值都具有离散性，这种信号又称为数字信号。

对于一般的离散信号，通过对时间采样来得到，这里仅给出较为特殊的离散冲激信号和离散阶跃信号。

1. 离散单位冲激信号

离散单位冲激信号常以符号 $\delta[n]$ 表示，其数学表达式为

$$\delta[n]=\begin{cases}1, & n=0 \\ 0, & n\neq0\end{cases} \tag{2.1.15}$$

与连续冲激信号相比，离散冲激信号在 $n=0$ 处具有明确的数值，便于计算机的数值运算和存储。对于离散冲激信号，同样具有采样性质，具体如下式所示。

$$x[n]\delta[n]=x[0]\delta[n]$$
$$x[n]\delta[n-n_0]=x[n_0]\delta[n-n_0]$$
$$x[n]=\sum_{k=-\infty}^{+\infty}x[k]\delta[n-k] \tag{2.1.16}$$

这里我们需要区分信号与信号的值的区别，以离散信号为例，$x[n]$ 是一个信号序列，$x[0]\delta[n]$ 同样也是一个信号序列，而 $x[0]$ 是一个数值，是 $x[n]$ 在 $n=0$ 处的值，因此，要明确 $x[0]\neq x[0]\delta[n]$，前者是一个数值，后者则是一个序列。

2. 离散单位阶跃信号

离散单位阶跃信号常以符号 $u[n]$ 表示：

$$u[n]=\begin{cases}1, & n\geq0 \\ 0, & n<0\end{cases} \tag{2.1.17}$$

在数学表示上，式（2.1.17）与连续阶跃信号的区别在于有了明确的 $n=0$ 处的值。

对于离散的单位冲激信号和单位阶跃信号，从定义上可以看到明显的差异，同时它们之

间也存在着密切的关系，其关系如下。

$$\delta[n] = u[n] - u[n-1]$$

$$u[n] = \sum_{m=-\infty}^{n} \delta[m]$$

$$u[n] = \sum_{k=0}^{\infty} \delta[n-k]$$

$$（2.1.18）$$

由式（2.1.18）可以看出，离散的单位冲激信号和单位阶跃信号之间可以相互表示。

2.1.3 仿真案例

案例 2.1.1 用 MATLAB 软件编程绘出一些常见信号，如单位阶跃信号 $u(t)$，单位冲激信号 $\delta(t)$ 以及抽样信号 $Sa(t)$ 等。

案例分析：案例所要求信号均为连续时间信号，并且这些信号在时间域上是无限长的，如果利用自己编写的程序实现，在仿真中需要体现出一些关键点的信息，能够表示出信号的特点即可。

参考代码：

```
%%%%%%%%%%%%%%%%%%%%%%%%%%%%%%%%%%
单位阶跃信号
t=-2:0.001:2;                      %%%   设定的时间域范围
y=(t>0);                           %%%   根据 t 的值为 y 赋值
figure;
plot(t,y,'linewidth',2);           %%%   用 plot 绘制曲线图
grid on;                           %%%   以下为绘图窗口的属性设置
xlabel('t');
axis([-2 2 -1 2]);
title('unit-step signal');
```

这里需要说明的是，理想的阶跃信号本身是无限长的，在本例中仅画出了不连续点附近的信号作为示例，在信号处理的过程中，需要根据信号的变化趋势以及应用要求绘制合适的长度。另外，在绘制信号图形时，写了多行代码来设置显示图像的属性，包括图像横轴和纵轴的标注、绘图网格线显示、图的标题设置等，这些都是在使用 MATLAB 绘图中经常要涉及的图像参数，这些属性设置的顺序一般不会影响显示结果。这些属性的说明，在本书第 1 章中已有介绍，更详细的说明可以参见 MATLAB 的帮助文档。单位阶跃信号如图 2-2 所示。

单位冲激信号

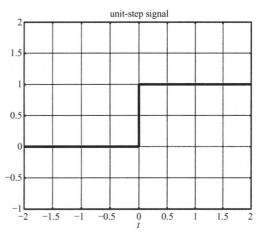

图 2-2   单位阶跃信号

```
t0=0;
t1=-2; t2=2; dt=0.01;              %%%   仿真时间起止点和间隔
```

```
t=t1:dt:t2;                    %%%   离散时间点
n=length(t);                   %%%   仿真中时间序列的长度
x=zeros(1,n);                  %%%   对 x 初始化
x(1,fix((t0-t1)/dt+1))=1/dt;   %%%   对 x 在 t0 位置赋值
stairs(t,x);
axis([t1,t2,0,1/dt]);          %%%   以下为绘图窗口属性设置
grid on;
xlabel('t'); ylabel('A');
title('unit-impulse signal');
```

单位冲激信号如图 2-3 所示。

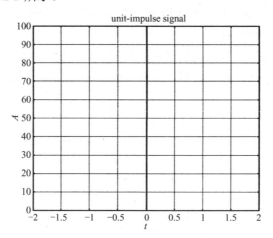

图 2-3　单位冲激信号

此处的单位冲激信号幅值用了一个很大的数值来表示，只是对单位冲激信号的近似表示。根据单位冲激信号的定义，其积分为 1，因此在 0 处的信号幅值应为无穷大，图 2-3 仅是给出示意图，通过改变程序中 dt 的值，可以改变信号幅值。另外在程序绘图中，对 t0 位置赋值时，采用了 fix( )函数处理，是为了防止出现非整数值的下标。

周期方波信号

```
t=-3:0.001:3;                  %%%   仿真时间点（序列）
y=square(pi*t,50);             %%%   t=2，对应的占空比为50%
figure;plot(t,y);             %%%   绘图
axis([-3,3,-1.5,1.5]);         %%%   绘图窗口属性设置
grid on;
xlabel('t'); ylabel('A');
title('periodic square');
```

周期方波信号如图 2-4 所示。

该例程中直接调用了 MATLAB 软件提供的 square( )函数用于生成周期方波信号。在已经掌握了阶跃信号的绘制方法的基础上，自己编写程序也可以较容易地实现该方波信号的绘制。

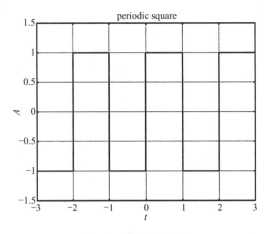

图 2-4 周期方波信号

抽样信号

```
t=-10:0.01:10;              %%%  仿真时间点（序列）
y=sin(t)./t;                %%%  信号 y 的定义
figure;                     %%%  绘制信号 y(t)的图形
plot(t,y,'linewidth',2);
grid on;
xlabel('t');
title('sample signal');
```

抽样信号如图 2-5 所示。

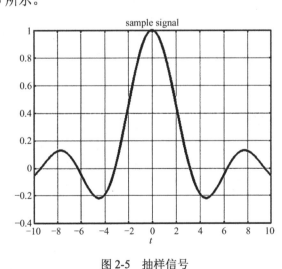

图 2-5 抽样信号

案例 2.1.2 用图形表示信号 $x(t) = \sin(3t) + 2\cos(At)$，$A$ 是已知常数，通过改变 A 的值（如 $A = 1, 3, 5, \cdots$），可以得到不同的信号，结合绘制出的图像观察信号 $x(t)$ 的周期。

对于离散时间信号，$x(n \cdot \Delta t) = \sin(3n \cdot \Delta t) + 2\cos(An \cdot \Delta t)$，$\Delta t$ 为时间间隔，同样可以绘出不同 A 值情况下的信号图形。

参考代码：

```
%%%%%%%%%%%%%%%%%%%%%%%%%%%%%%%%%%%%%
绘制连续信号
A = 1;                              %%%   参数 A 赋值，可改变，如使其等于 1、3、5 等
t = 0:0.1:20;                       %%%   仿真时间点（序列）
x = sin(3*t)+2*cos(A*t);            %%%   信号 x 的定义
figure;                             %%%   绘制信号 x(t)的图形
plot(t,x,'linewidth',2);
grid on;xlabel('t');
title(strcat('x(t) A=',num2str(A)));
```

连续信号如图 2-6 所示。

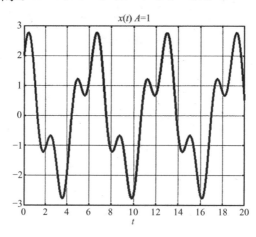

图 2-6　连续信号

绘制离散信号

```
A = 1;                              %%%   参数 A 赋值
deltat= 0.4;                        %%%   信号点的时间间隔
n= 0:49;                            %%%   信号点序列
t = linspace(0,20,50);              %%%   时间序列
x = sin(3* n*deltat)+2*cos(A* n*deltat);   %%%   离散信号定义
figure;stem(t,x,'linewidth',2);     %%%   绘制杆状图形
grid on;xlabel('t');
title(strcat('x(t) (A=',num2str(A),')'));
```

离散信号如图 2-7 所示。

　　针对以上给出的参考程序，时间序列 t 是可以用 n 替代的，为了让读者加深印象，这里特意设定了 n，又给出了 t。当随机变换 n 或者 t 的值时，程序可能会由于两者对应的序列长度不同而报错，请读者自己修改程序运行中的该错误，加深对时间与时间序列间的关系的理解。

　　比较图 2-6 和图 2-7 的结果，除去前者是连续信号，后者为离散信号这一差别，从信号的变化趋势上可以看出，两者有类似的变化趋势和变化范围，但这里要注意，图 2-7 已不再是严格的周期信号。

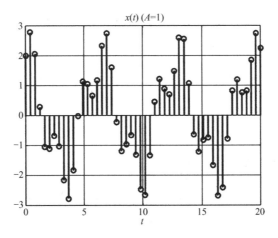

图 2-7 离散信号

改变 A 的值，借助所绘制的连续信号可以观察信号周期的变化。仿真结果表明，对连续信号 $x(t)$，尽管 A 的值可以改变信号的频率和周期，但不会影响信号为周期信号这一特点，但对于离散信号 $x[n]$，其周期性就存在很多可以讨论的问题。

以离散正弦信号 $\sin[\omega n]$ 为例，其周期性的判断一般根据 $2\pi/\omega$ 的不同分为下面的几种情况。

（1） $2\pi/\omega$ 为整数时，信号为周期信号，并且信号周期为 $2\pi/\omega$。

（2） $2\pi/\omega$ 为非整数，但为有理数时，信号为周期信号，并且信号周期为 $2\pi m/\omega$，其中 m 为整数。

（3） $2\pi/\omega$ 为无理数时，信号为非周期信号。

案例 2.1.3 给定连续时间信号 $x(t)=C^t\mathrm{e}^{jwt}$，用 MATLAB 绘出不同 C 值情况下的 $x(t)$ 图形，如设置 $C=-2$、-0.5、0.5、2 等。

这里需要注意，该案例中所给信号为复信号，包含了实部和虚部，在绘图时需要用两幅图来描述信号，既可以采用实部图与虚部图组合的形式表示，也可以用幅值图与相位图组合的形式来表示。

参考代码：

```
%%%%%%%%%%%%%%%%%%%%%%%%%%%%%%%%%%%%%%
clc; close all; clear all;          %%%%  清屏，关闭已显示的图像，清内存
C=1.5;                              %%%%  对 C 赋值，可改变
w=3;                                %%%%  对角频率 w 赋值，可改变
t=0:0.1:10;                         %%%%  仿真时间点（序列）
X=C.^t.*exp(j*w*t);                 %%%%  信号 X 定义
Xr=real(X);                         %%%%  信号 X 的实部
Xi=imag(X);                         %%%%  信号 X 的虚部
Xa=abs(X);                          %%%%  计算信号 X 的幅值
Xn=angle(X);                        %%%%  计算信号 X 的相位
figure;                             %%%%  绘制实部和虚部图
plot(t,Xr,'linewidth',2);
grid on;xlabel('t');
```

```
hold on;
plot(t,Xi,'--','linewidth',2);
grid on; xlabel('t');
title(strcat('x(t) (C=',num2str(C),')'));
legend('real part of the signal','imaginary part of the signal');
hold off;
figure;                              %%%  绘制 X 的幅值图
plot(t,Xa,'linewidth',2);
grid on; xlabel('t');
title(strcat('amplitude of x(t) (C=',num2str(C),')'));
figure;                              %%%  绘制 X 的相位图
plot(t,Xn,'linewidth',2);
grid on; xlabel('t');
title(strcat('phase of x(t) (C=',num2str(C),')'));
```

在该程序的开始，使用了 clc、close all、clear all 三个操作，这三个操作的作用分别如下：clc 为清 MATLAB 的命令窗口；close all 为关闭已经打开的 MATLAB 窗口，尤其以前程序运行中得到的图形结果；clear all 为释放内存。这三个操作并非都是必需的，但为了减少程序间的互相干扰和影响，可以在新的程序开始前，先执行这三个操作，但在被其他程序调用的子程序（子函数）中，最好不要使用 close all、clear all 等操作，以免对主程序运行造成影响。

$x(t)$ 以及信号的幅值、相位如图 2-8 所示。

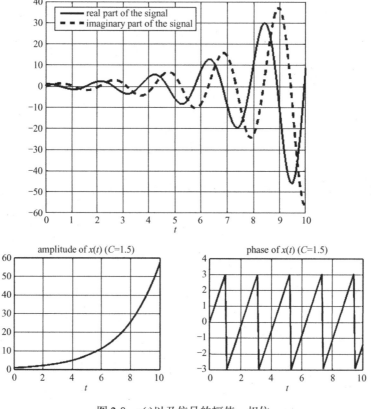

图 2-8　$x(t)$ 以及信号的幅值、相位

根据欧拉公式，容易理解信号的实部和虚部的波动，从信号幅值图上可以看出，信号幅值是随时间增大的，这是由 C 决定的，通过仿真实验，变化 C 的值，可以直观地看出该值对信号变化的影响。

2.1.4 仿真练习

1．利用 MATLAB 命令画出以下连续信号的波形图。

（1）$2\sin(3t+\pi/4)$

（2）$(1-e^{-t})u(t-1)$

（3）$t[u(t-1)-u(t-2)]$

（4）$[1+\sin(\pi t)][u(t+1)-u(t-1)]$

2．利用 MATLAB 命令画出以下复信号的实部、虚部、模和相角。

（1）$f_1(t)=1+e^{j\frac{\pi}{4}t}+e^{j\pi t}$

（2）$f_2(t)=e^{j(t+2\pi)}$

3．利用 MATLAB 命令绘出以下离散序列。

（1）$f_1[n]=2^n u[n]$

（2）$f_2[n]=e^{j3\pi n}+e^{j\pi n}$

4．利用 MATLAB 命令生成一个幅值为1、周期为2的周期锯齿波序列。

5．对信号 $\cos[\omega n]$，ω 取不同值的情况下，分别仿真和分析该信号的周期性。

2.2 信号的运算

2.2.1 原理和方法

信号的运算通常可以包括：信号的时移、反褶和尺度变换，信号的四则运算，以及积分和微分运算等，下面分别进行说明。

在信号的传输与处理过程中往往需要进行信号的运算，它包括信号的移位（时移或延时）、反褶、尺度倍乘（压缩与扩展）、微分、积分以及两信号的相加或相乘。

信号 $f(t)$ 的时移就是将信号数学表达式中的自变量 t 用 $t\pm t_0$ 替换，其中 t_0 为正实数。因此，波形的时移变换是将原来的 $f(t)$ 波形在时间轴上向左或者向右移动。$f(t+t_0)$ 为 $f(t)$ 波形向左移动 t_0；$f(t-t_0)$ 为 $f(t)$ 波形向右移动 t_0。信号 $f(t)$ 的反褶就是将表达式中的自变量 t 用 $-t$ 替换。波形变换后，$f(-t)$ 的波形是原来的 $f(t)$ 相对于纵轴的镜像。信号 $f(t)$ 的尺度变换就是将表达式中的自变量 t 用 at 替换，其中，a 为正实数。对应于波形的变换，当 $a>1$ 时，是将原来的 $f(t)$ 波形以原点为基准压缩至原来的 $1/a$；当 $0<a<1$ 时，则是将波形以原点为基准扩展至原来的 $1/a$ 倍。信号尺度变换的示意图如图 2-9 所示。

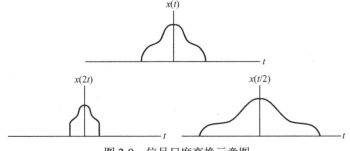

图 2-9 信号尺度变换示意图

综合上述三种情况，如果将信号 $f(t)$ 的自变量 t 用 $at \pm t_0$ 替换，其中，a、t_0 为实数，则 $f(at \pm t_0)$ 相对于 $f(t)$ 或扩展（$|a|<1$）或压缩（$|a|>1$）；反褶（$a=-1$）或时移（$t_0 \neq 0$），而波形仍保持与原 $f(t)$ 相似的形状。利用 MATLAB 可方便、直观地观察和分析信号的时移、反褶和尺度变换对信号波形的影响。

信号四则运算主要为相加与相乘运算，指在特定时刻信号取值的相加与相乘。MATLAB 对于时间信号的加减与相乘主要是基于向量的点运算。

信号 $f(t)$ 的微分运算是指 $f(t)$ 对 t 取导数，即

$$f'(t)=\frac{\mathrm{d}}{\mathrm{d}t}f(t) \tag{2.2.1}$$

信号 $f(t)$ 的积分运算是指 $f(\tau)$ 在 $(-\infty,t)$ 区间内的定积分，其表达式为：

$$\int_{-\infty}^{t}f(\tau)\mathrm{d}\tau \tag{2.2.2}$$

2.2.2　仿真案例

案例 2.2.1　已知信号如图 2-10 所示，试写出该信号 $x(t)$ 的函数表达式，并用 MATLAB 程序绘制该信号。若将该信号程序保存为函数，试利用 MATLAB 的函数调用绘出以下信号的图形。

$$x(t-3)$$
$$x(2t-3)$$
$$x(-2t-3)$$

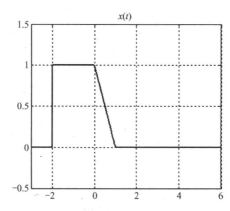

图 2-10　案例信号

参考代码：

```
%%%%%%%%%%%%%%%%%%%%%%%%%%%%%%%%%%%%
t=-3:0.01:6;                        %%%  时间序列
ft=func_x(t);                       %%%  调用已保存的函数
figure;                             %%%  绘制 x(t)的图形
plot(t,ft,'linewidth',2);
axis([t(1),t(end),-0.5,1.5]);
grid on; xlabel('t');
title('x(t)');
figure;                             %%%  绘制 x(2t-3)的图形
```

```
plot(t,func_x(2*t-3),'linewidth',2);
axis([t(1),t(end),-0.5,1.5]);
xlabel('t');grid on;
title('x(2*t-3)');
figure;                                    %%%   绘制 x(t-3)的图形
plot(t,func_x(t-3),'linewidth',2);
axis([t(1),t(end),-0.5,1.5]);
xlabel('t');grid on;
title('x(t-3)');
figure;                                    %%%   绘制 x(-2t-3)的图形
plot(t,func_x(-2*t-3),'linewidth',2);
axis([t(1),t(end),-0.5,1.5]);
xlabel('t');grid on;
title('x(-2*t-3)');


%%%%%%%   function                         %%%%%% 案例中调用的子函数
function [y]=func_x(t)
%%%  定义子函数 func_x，输入参数为 t，输出为 y
y=zeros(1,length(t));                      %%%   对输出 y 的初始化
x_pos=find((t>=-2) &(t<0));                %%%   找出小于 0 且不小于-2 的 t
y(x_pos)=1;                                %%%   根据满足条件的 t，对 y 赋值
x_pos=find((t>=0) &(t<1));                 %%%   找出小于 1 且不小于 0 的 t
y(x_pos)=1-t(x_pos);                       %%%   根据满足条件的 t，对 y 赋值
```

信号时移、反褶以及尺度变换结果如图 2-11 所示。

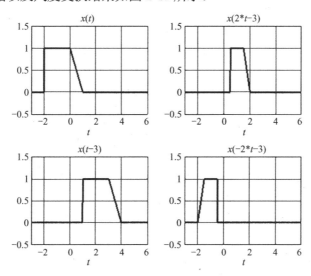

图 2-11　信号时移、反褶以及尺度变换结果

该案例中调用了自己编写的信号 $x(t)$ 的函数，调用 MATLAB 自带的函数一样可以得到类似的结果，通过该案例可以直观地观察到经过平移、反褶、尺度等变换后以及多个变换组合后的信号的波形变化。

案例 2.2.2　绘出如下的矩形脉冲信号，再绘出将其与案例 2.1.2 中的信号相乘后的结果。

$$f(t)=\begin{cases}2 & (4\leq t\leq 8)\\ 0 & (t<4,t>8)\end{cases}$$

案例分析： 案例 2.1.2 中信号为两个正弦信号的组合，此处所给信号为矩形脉冲形式，两个信号的相乘，即为对应点的相乘。

参考代码：

```
%%%%%%%%%%%%%%%%%%%%%%%%%%%%%%%%%%%
A=1;                                %%%   案例 2.1.2 中信号的系数赋值
t=0:0.01:15;                        %%%   试验中的时间序列
t0=6;width=4;                       %%%   矩形脉冲宽度及其中心
ft=2*rectpuls(t-t0,width);          %%%   调用 MATLAB 的矩形信号
figure;                             %%%   绘制矩形信号
plot(t,ft,'linewidth',2);
grid on; axis([0 15 -4 6]);
title('Rectangle Pulse Signal');
x=sin(3*t)+2*cos(A*t);              %%%   计算信号 x(t)
figure;                             %%%   绘制两信号相乘的结果
plot(t,x.*ft,'linewidth',2);
grid on; axis([0 15 -4 6]);
title(strcat('A=',num2str(A)));
```

案例 2.2.2 结果如图 2-12 所示。

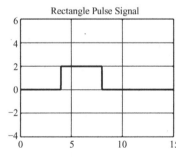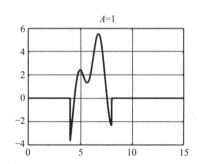

图 2-12　案例 2.2.2 结果

通过案例 2.2.2 我们可以发现，矩形信号的一个重要用途是对信号的截断，通过相乘保留信号的一段。这种用法在信号处理过程中也称为加窗。

该案例中的矩形信号利用了 MATLAB 提供的 rectpuls( ) 函数实现，实现方法并非唯一，通过对信号的分解，一个矩形信号可以分为两个阶跃信号的组合。一个简单的示意图如图 2-13 所示。本书在编写过程中，对同一个功能，在不同的地方可能会使用不同的实现方式，是为了拓宽读者利用 MATLAB 进行仿真中的实现思路。也使读者意识到，案例中的实现方式并不是唯一的。

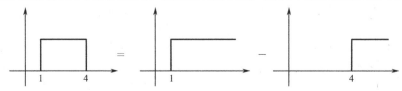

图 2-13　矩形信号合成示意图

案例2.2.3　绘出被高斯噪声污染后的正弦信号。其中高斯噪声在 MATLAB 中可以采用 randn( )函数产生，该函数产生的是均值为 0，标准差为 1 的高斯分布数据。

参考代码：

```
%%%%%%%%%%%%%%%%%%%%%%%%%%%%%%%%%
N=1:1000;                          %%%   采样点数
fs=1024;                           %%%   采样频率
t=N./fs;                           %%%   采样时间
y=3*sin(2*pi*t);                   %%%   信号 y
x=randn(1,1000);                   %%%   产生高斯分布的随机序列
x=x/std(x);                        %%%   随机序列归一化（标准差为1）
x=x-mean(x);                       %%%   使随机序列的均值为0
a=0;b=sqrt(2);                     %%%   参数赋值
x=a+b*x;                           %%%   产生均值为a，方差为b 的新的高斯序列；
y_with_noise=y+x;                  %%%   对 y 信号加入高斯噪声
subplot(3,1,1);                    %%%   绘制高斯噪声
plot(x);
title('Gaussian white noise');
subplot(3,1,2);                    %%%   绘制信号 y
plot(y);
title('original signal');
subplot(3,1,3);
plot(y_with_noise);                %%%   绘制被噪声污染的 y 信号
title('signal with noise');
```

案例输出的结果如图 2-14 所示。

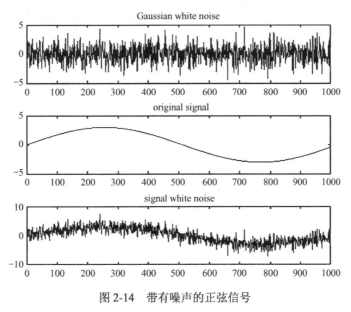

图 2-14　带有噪声的正弦信号

噪声在自然界中普遍存在，也是仿真实验中不能忽视的影响因素，其中最典型的就是高斯白噪声。本案例给出了高斯白噪声的 MATLAB 仿真方法，在以后的科学研究中，高斯白噪

声的仿真是经常用到的。鉴于高斯白噪声的广泛应用，这里对高斯白噪声进行简要的说明。高斯白噪声作为一种随机量，有两个特征，一个是其幅值的概率分布服从高斯分布，另一个是其频谱具有"白"的特性，也就是其功率谱密度服从均匀分布。对于高斯噪声，在信号处理的相关仿真中会经常用到，有兴趣的读者可以查看文献，自己生成高斯噪声序列。

在复信号仿真中，噪声也需要以复数的形式出现，有自己的实部和虚部，以高斯白噪声为例，在仿真中以 randn( )函数独立仿真实部和虚部，以 1000 点为例，MATLAB 实现的形式如下。

   N_example=randn(1,1000)+j*randn(1,1000);

案例 2.2.4 使用 MATLAB 求解以下函数关于变量 t 的一阶导数，对软件求解结果与理论计算结果进行比较，并将结果绘成图形（提示：在 MATLAB 中，可以采用 sym 和 syms 来定义符号变量，关于 sym 和 syms 的用法的详细说明可以参考 MATLAB 的帮助文档）。

（1）$f_1(t) = t\sin(t)$

（2）$f_2(t) = t[u(t) - u(t-1)] + (2-t)[u(t-1) - u(t-2)]$

案例分析：根据正弦信号和阶跃信号的导数的计算关系，可以直接写出以上两式的一阶导数。MATLAB 中给出的导数计算的函数为 diff( )，在定义了符号变量的基础上，可以直接调用该函数进行求导操作。对案例中所给的信号，在理论上有

$$f_1'(t) = (t\sin(t))' = \sin(t) + t\cos(t)$$

$$\begin{aligned} f_2'(t) &= (t[u(t) - u(t-1)] + (2-t)[u(t-1) - u(t-2)])' \\ &= u(t) - u(t-1) + t[\delta(t) - \delta(t-1)] - [u(t-1) - u(t-2)] + (2-t)[\delta(t-1) - \delta(t-2)] \\ &= u(t) - 2u(t-1) + u(t-2) + t[\delta(t) - \delta(t-1)] + (2-t)[\delta(t-1) - \delta(t-2)] \end{aligned}$$

因此可以根据理论推导结果和 diff( )仿真结果进行对比。

参考代码：

```
%%%%%%%%%%%%%%%%%%%%%%%%%%%%%%%%%%%
syms x f1 f2                              %%%   定义符号变量
f1=t*sin(t);                              %%%   f1 和 f2 的表达式
f2=t*(heaviside(t)-heaviside(t-1))+(2-t)*(heaviside(t-1)-heaviside(t-2));
df1=diff(f1,'t')                          %%%   对 f1 求导
df2=diff(f2,'t')                          %%%   对 f2 求导
```

程序运行结果：

```
df1 =sin(t) + t*cos(t)
df2 =heaviside(t - 2) - 2*heaviside(t - 1) + heaviside(t) - (dirac(t - 1) - dirac(t - 2))*(t - 2) - t*(dirac(t - 1)
- dirac(t))
```

对比分析可知，仿真结果与理论计算结果一致。下面进一步给出原信号和经过一阶导数计算后的信号的图形，如图 2-15 和图 2-16 所示。仿真中仅给出了 0～2 范围内的信号图形。

如图 2-15 和图 2-16 所示，特别是 $f_2(t)$ 与 $f_2'(t)$ 对比可以看出，信号均匀变化的区域的一阶导数较小，通过这种微分运算突出显示了它的变化部分。这一特点在图像信号处理中有广泛的应用，可以利用微分运算使图像（或其他信号）的突变部分（如不同区域的边缘和轮廓等）突出，实现边缘检测或区域分割。

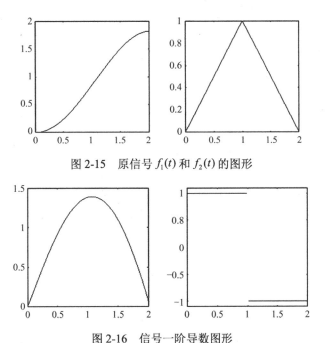

图 2-15　原信号 $f_1(t)$ 和 $f_2(t)$ 的图形

图 2-16　信号一阶导数图形

另外，需要说明的是，图 2-16 所示的一阶导数图形中没有直观反映出冲激信号的存在，这是因为理论上的冲激信号的幅值是无穷大，MATLAB 绘图时从图形上是无法表示的。

案例2.2.5　使用MATLAB求解以下函数关于变量 t 的定积分和不定积分，并将MATLAB仿真结果与理论计算结果比较，根据结果绘出 $\int_0^1 f_1(t)\mathrm{d}t$ 与 $\int_{-\infty}^t f_2(\tau)\mathrm{d}\tau$ 的图形。

（1）　$f_1(t) = te^t$

（2）　$f_2(t) = \mathrm{e}^{-10t}[u(t)-u(t-1)] + (\mathrm{e}^{-10t}-\mathrm{e}^{-10(t-1)})[u(t-1)-u(t-2)]$

案例分析：对于所给的信号的积分计算，在数学上已有公式，我们可以直接根据理论公式写出理论计算的结果。然后利用MATLAB的符号运算，得到仿真结果，对两者直接比较即可。案例只是对软件仿真结果和理论结果进行比较，验证仿真结果的可靠性，案例中的具体数值读者可以自由设定。

所给信号定积分的理论值如下。

$$\int_0^1 f_1(t)\mathrm{d}x = \int_0^1 te^t \mathrm{d}t = te^t\Big|_0^1 - \int_0^1 e^t \mathrm{d}t = e - (e-1) = 1$$

$$\int_{-\infty}^t f_2(x)\mathrm{d}x = \int_{-\infty}^t \mathrm{e}^{-10x}[u(x)-u(x-1)] + (\mathrm{e}^{-10x}-\mathrm{e}^{-10(x-1)})[u(x-1)-u(x-2)]\mathrm{d}x$$

$$= \frac{1}{10}u(t-2)(\mathrm{e}^{-10t}-\mathrm{e}^{-20}+\mathrm{e}^{-10}-\mathrm{e}^{-10(t-1)t}) + \frac{1}{10}u(t-1)(\mathrm{e}^{-10(t-1)}-1) - \frac{1}{10}u(t)(\mathrm{e}^{-10t}-1)$$

参考代码：

```
%%%%%%%%%%%%%%%%%%%%%%%%%%%%%%%%%%%
syms x t f1 f2                      %%%%  定义符号变量
f1=x*exp(x);                        %%%%  f1 和 f2 的表达式
f2=exp(-10*x)*(heaviside(x)-heaviside(x-1))
+(exp(-10*x)-exp(-10*(x-1)))*(heaviside(x-1)-heaviside(x-2));
```

```
df1=int(f1,'x',0,1)                    %%%  对 f1 计算定积分
df2=int(f2,'x',0,t)                    %%%  对 f2 计算定积分
```

程序运行结果：

df1 =1

df2 =heaviside(t - 2)*(exp(-10*t)/10 - exp(-20)/10) - heaviside(t)*(exp(-10*t)/10 - 1/10) + heaviside(t - 2)*(exp(-10)/10 - (exp(-10*t)*exp(10))/10) + heaviside(t - 1)* ((exp(-10*t)* exp(10)) /10 - 1/10)

显然，案例中所给的两个信号的定积分的理论值与 MATLAB 的仿真结果是一致的。进一步我们可以绘制 $f_2(t)$ 与 $\int_{-\infty}^{t} f_2(\tau)\mathrm{d}\tau$ 的图形，如图 2-17 所示。

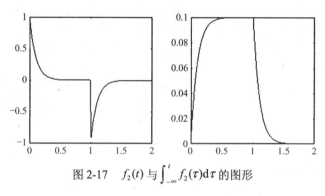

图 2-17 $f_2(t)$ 与 $\int_{-\infty}^{t} f_2(\tau)\mathrm{d}\tau$ 的图形

由以上波形可见，信号经积分运算后其效果与微分运算相反，信号的突变部分可变得平滑，利用这一作用可削弱信号中混入的毛刺（噪声）的影响。

2.2.3 仿真练习

1. 利用 MATLAB 命令画出以下信号的波形图。

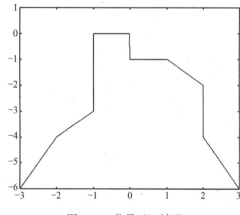

（1） $f_1(t) = \mathrm{e}^{-t}\sin(3\pi t) + \mathrm{e}^{-\frac{1}{2}t}\sin(6\pi t)$

（2） $f_2(t) = \mathrm{Sa}(2t)(1 - \mathrm{e}^{-t})$

2. 已知连续时间信号 $f(t)$ 的波形如图 2-18 所示，试用 MATLAB 命令画出以下信号的波形图。

（1） $f(t+1)$ （2） $f(3t+2)$

（3） $f(6-4t)$

（4） $[f(t) + f(-t)]u(t-1)$

3. 使用 MATLAB 命令计算图 2-18 中信号的微分与积分，并绘图。

图 2-18   信号 $f(t)$ 波形

第3章 信号变换

在信号处理与分析中，由于应用场景的不同，对信号的表现形式会有不同的要求，通常所见到的信号一般是随时间变化的。在信号的处理中，通常需要对信号进行变换，包括描述形式的变换和表示域的变换。信号处理经常涉及的表示域包括时间域、频率域、复频率域等。在本章中，对周期信号的傅里叶级数表示、连续时间信号的傅里叶变换、连续时间信号的拉普拉斯变换和离散信号的 Z 变换中所涉及的重要理论进行说明，并进行仿真分析。这些变换也是信号与系统学习中的重要基础内容。

3.1 傅里叶级数

3.1.1 原理和方法

傅里叶级数是针对周期信号的一种表示方法，通过这种表示形式的变换，可以更容易地理解和分析信号的特点，因此，该部分的一个重要内容就是学会傅里叶级数的表示方法，在傅里叶级数表示的基础上，需要熟悉傅里叶级数的性质。在实际应用中，我们所使用的信号都是有限长的，这就相当于对周期信号加窗截断，这种截断处理会引起"Gibbs 现象"，在学习傅里叶级数时，需要理解这一现象的原因和特点。

1. 连续时间周期信号的傅里叶级数表示

周期信号是定义在 $(-\infty, +\infty)$ 区间，按一定时间间隔（周期 T_0）不断重复的信号。它可表示为

$$x(t) = x(t + mT_0) \tag{3.1.1}$$

式中，m 为任意整数；T_0 为周期，周期的倒数称为该信号的频率，即 $f_0 = 1/T_0$。只要 $x(t)$ 满足 Dirichlet 条件，它就可以分解为傅里叶级数的形式。傅里叶级数可用三角函数组合来表示，也可用复指数函数来表示。

（1）三角函数形式的傅里叶级数

对于实信号而言，三角函数形式的傅里叶级数如下：

$$\begin{aligned} x(t) &= a_0 + a_1 \cos(\omega_0 t) + b_1 \cos(\omega_0 t) + a_2 \cos(2\omega_0 t) \\ &\quad + b_2 \cos(2\omega_0 t) + \cdots + a_k \cos(k\omega_0 t) + b_k \cos(k\omega_0 t) \cdots \\ &= a_0 + \sum_{k=1}^{\infty} [a_k \cos(k\omega_0 t) + b_k \sin(k\omega_0 t)] \end{aligned} \tag{3.1.2a}$$

根据三角变换，将上式中同频率的正弦和余弦分量合并，就可以变换上式的形式，得到实信号傅里叶级数的另一种三角函数形式：

$$x(t) = a_0 + \sum_{k=1}^{\infty} c_k \cos(k\omega_0 t + \varphi_k) \tag{3.1.2b}$$

式中，$\omega_0 = \dfrac{2\pi}{T_0}$ 为角频率；$k = 1, 2, \cdots$；a_0、a_k、b_k 分别代表直流分量、余弦分量、正弦分量的幅值，分别按下式计算。

$$a_0 = \frac{1}{T_0} \int_{t_0}^{t_0+T_0} x(t)\mathrm{d}t$$

$$a_k = \frac{2}{T_0} \int_{t_0}^{t_0+T_0} x(t)\cos(k\omega_0 t)\mathrm{d}t \qquad (3.1.3)$$

$$b_k = \frac{2}{T_0} \int_{t_0}^{t_0+T_0} x(t)\sin(k\omega_0 t)\mathrm{d}t$$

为方便起见，通常积分区间 $t_0 \sim t_0 + T_0$ 取为 $0 \sim T_0$ 或 $-\dfrac{T_0}{2} \sim +\dfrac{T_0}{2}$。

式（3.1.2b）中，c_k、φ_k 是 k 次谐波分量的幅值和初始相位，它们都是关于 $k\omega_0$ 的函数。它们与 a_k、b_k 间的关系如下：

$$c_k = \sqrt{a_k^2 + b_k^2} \quad k = 1, 2, 3, \cdots$$

$$\varphi_k = -\arctan\frac{b_k}{a_k} \qquad (3.1.4)$$

绘出 c_k、φ_k 同 $k\omega_0$ 关系的图，就得到了信号 $x(t)$ 的频谱图。其中 c_k 关于 $k\omega_0$ 的图是幅值频谱图（幅频特性），φ_k 关于 $k\omega_0$ 的图是相位频谱图（相频特性）。从式（3.1.4）已经能够直观地看出，a_k、b_k、c_k、φ_k 都是只会出现在 0、ω_0、$2\omega_0$ 等离散频率点上，这种谱称为离散谱，它是周期信号频谱的主要特点。也就是说，对于时间连续周期信号，其频谱一定是离散谱，尽管在公式表示中，采用无穷多的项相加的形式，但具体的分解谐波项的数目是由信号本身决定的，并不一定所有的信号都具有无穷多项傅里叶级数。

式（3.1.2a）所示的三角函数形式的傅里叶级数表明周期信号 $x(t)$ 可以看作许多相关但频率不同的正弦、余弦分量的组合，这些正弦、余弦分量的频率必定是基频 ω_0 的整数倍。通常把频率为 ω_0 的分量称为基波，频率为 $2\omega_0$、$3\omega_0$ 等分量称为二次谐波、三次谐波等。每个不同频率的正弦信号叫作正弦分量，其幅值为 c_k。由式（3.1.2b）变换到式（3.1.2a）的关系如下。

$$a_k = c_k \cos(\varphi_k) \quad k = 1, 2, 3, \cdots$$

$$b_k = -c_k \sin(\varphi_k) \quad k = 1, 2, 3, \cdots \qquad (3.1.5)$$

（2）指数函数形式的傅里叶级数

除三角函数外，周期信号的傅里叶级数还可以展开为指数函数形式，由欧拉公式：

$$\cos(k\omega_0 t) = \frac{1}{2}(\mathrm{e}^{jk\omega_0 t} + \mathrm{e}^{-jk\omega_0 t})$$

$$\sin(k\omega_0 t) = \frac{1}{2j}(\mathrm{e}^{jk\omega_0 t} - \mathrm{e}^{-jk\omega_0 t}) \qquad (3.1.6)$$

将上式代入式（3.1.2a），可得：

$$x(t) = a_0 + \sum_{k=1}^{\infty} \left(\frac{a_k - \mathrm{j}a_k}{2} \mathrm{e}^{\mathrm{j}k\omega_0 t} + \frac{a_k + \mathrm{j}a_k}{2} \mathrm{e}^{-\mathrm{j}k\omega_0 t} \right)$$

$$= a_0 + \sum_{k=1}^{\infty} [X(k\omega_0)\mathrm{e}^{\mathrm{j}k\omega_0 t} + X(-k\omega_0)\mathrm{e}^{\mathrm{j}k\omega_0 t}] \tag{3.1.7}$$

$$= \sum_{k=-\infty}^{\infty} X(k\omega_0)\mathrm{e}^{\mathrm{j}k\omega_0 t}$$

以上即为指数函数形式的傅里叶级数，其中：

$$X(k\omega_0) = \frac{1}{2}(a_k - \mathrm{j}b_k) = \frac{1}{T_0} \int_{t_0}^{t_0+T_0} x(t)\mathrm{e}^{-\mathrm{j}k\omega_0 t}\,\mathrm{d}t \tag{3.1.8}$$

$X(k\omega_0)$ 是一个离散量，也可简写为 $X(k)$。

指数函数形式的傅里叶级数表明，一个周期信号 $x(t)$ 可被视作不同频率且相关的周期复指数信号的组合。与三角函数形式的傅里叶级数类似，周期复指数信号也包括基频和谐波分量，其幅值为 $X(k)$，同样可以画出指数形式表示的信号频谱，由于 $X(k)$ 通常为复数，因此这种频谱也称作复数频谱。需要指出的是，在复数频谱中出现的负频率是由于将 $\sin(k\omega_0 t)$ 和 $\cos(k\omega_0 t)$ 写成指数形式时，从数学的观点自然分成 $\mathrm{e}^{\mathrm{j}k\omega_0 t}$ 和 $\mathrm{e}^{-\mathrm{j}k\omega_0 t}$ 两项，因此引入了 $-\mathrm{j}k\omega_0 t$，它的出现完全是数学计算的结果，并没有实际的物理意义，只有把负频率项与相应的正频率项成对地合并起来，才是实际的频谱函数。

在本节的开始，假定了信号为实信号，其实，对于复信号，其指数形式的傅里叶级数同样成立，这里不做重复说明。复指数形式的傅里叶级数对实信号和复信号的描述在形式上没有区别。完整的傅里叶级数表示为：

$$\begin{cases} x(t) = \sum_{k=-\infty}^{+\infty} a_k \mathrm{e}^{\mathrm{j}k\omega_0 t} \\ a_k = \frac{1}{T} \int_T x(t)\mathrm{e}^{-\mathrm{j}k\omega_0 t}\,\mathrm{d}t \end{cases} \tag{3.1.9}$$

式（3.1.9）的第一个公式称作傅里叶变换的综合公式，第二个公式称为傅里叶变换的分析公式。积分限 T 为任意一段完整的长度为 T 的区间。

对于傅里叶级数的更进一步解释，涉及了基本信号以及正交信号集等概念，这里不做过多说明。对于一般的周期信号，包括实信号与复信号，只要满足 Dirichlet 条件就可以进行傅里叶级数表示。Dirichlet 条件可以用以下三条来描述，为便于直观理解，对三种不满足 Dirichlet 条件的情况分别给出了信号举例。

条件 1：在任何周期内，$x(t)$ 必须绝对可积。如图 3-1 所示为不满足该条件的 $\tan(t)$ 信号，该信号为周期信号，但在 $t = \pm\pi/2$ 处，信号的理论值为无穷大。

条件 2：在任何有限区间内，$x(t)$ 只有有限个起伏变化，也就是说，在任何单个周期内 $x(t)$ 的极大值和极小值的数目有限。如图 3-2 所示为不满足该条件的信号 $\sin(1/t)$，在 0 附近，有无穷多个极小值和极大值。

条件 3：在任何有限时间内，只有有限个不连续点，而且在这些不连续点上，函数值是有限值。一种不满足该条件的信号波形如图 3-3 所示，在信号由最大值 1 逐渐趋近于 0 的过程中，每个周期内都有无穷多的不连续点。

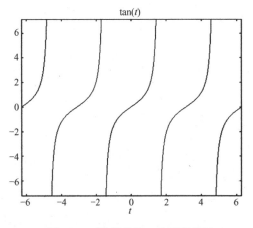

图 3-1　不满足条件 1 的周期信号

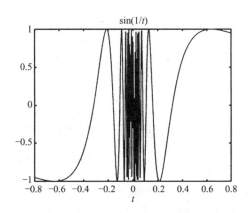

图 3-2　不满足条件 2 的信号

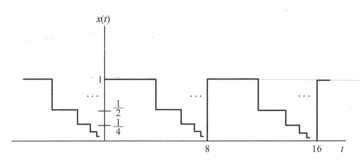

图 3-3　不满足条件 3 的信号

2. 截断傅里叶级数导致的"Gibbs"现象

理论上，我们可以用无限多的频率成分来表示周期信号。然而，事实是在计算机的处理过程中，不能用无限多的谐波分量来表示周期信号，只能用有限的谐波分量去近似。

假定谐波分量的数量为N，前面的公式可被改写为：

$$x_N(t) \approx \sum_{k=-N}^{N} X(k)\mathrm{e}^{jk\omega_0 t} \tag{3.1.10}$$

此时，由于截断产生的误差为：

$$\mathrm{e}_N(t) = x(t) - x_N(t) = \sum_{k=-\infty}^{+\infty} a_k \mathrm{e}^{jk\omega_0 t} - \sum_{k=-N}^{+N} a_k \mathrm{e}^{jk\omega_0 t} = \sum_{|k|>N} a_k \mathrm{e}^{jk\omega_0 t} \tag{3.1.11}$$

如果 $\lim\limits_{N \to \infty} \dfrac{1}{T} \int_T |\mathrm{e}_N(t)|^2 \, \mathrm{d}t = 0$，则该级数收敛。

式（3.1.10）能够很好地说明傅里叶级数的物理意义，以及每一个频率分量对信号的作用。此时，有这样几个结论。

（1）N越大，相加后其波形越近似于信号$x(t)$，两者之间的误差越小。

（2）当信号中任意一个谐波分量的幅值或相位发生相对变化时，输出信号的波形会发生失真。

（3）当信号$x(t)$为脉冲信号时，其高频分量主要影响脉冲的跳变沿，而低频分量主要影响脉冲的顶部平坦区域，所以 $x(t)$ 的波形变化越剧烈，其所包含的高频分量越丰富；波形变化越缓慢，其所包含的低频分量在总能量中占的比重越大。在利用傅里叶级数进行信号合成或信号的重建中，当选取傅里叶级数的项数越多，在所合成或重构的波形中出现的峰起越靠近 $x(t)$ 的不连续点，当 N 很大时，该峰起值趋于一个常数，约等于总跳变值的 9%，这种现象通常称为吉布斯（Gibbs）现象。这里还需要注意，对于信号合成中的吉布斯现象，通过增加参与合成的傅里叶级数的项数是不能消除的，但可以增加平坦区域的长度。

3．傅里叶级数的性质

傅里叶级数有很多重要的性质，如线性、时移特性、频移特性、时间尺度性质等，这些性质体现在了傅里叶级数的系数变化上，这里不再一一说明，仅对傅里叶级数的性质列表说明，如表 3-1 所示。

表 3-1　傅里叶级数的性质

性　　质	周期函数（周期为 T）	傅里叶级数的系数
	$x(t)$	$X(n)$
	$x_1(t), x_2(t)$	$X_1(n), X_2(n)$
线性	$ax_1(t) + bx_2(t)$	$aX_1(n) + bX_2(n)$
对称性	$x(-t)$	$X(-n)$
时域平移	$x(t - t_0)$	$X(n)\mathrm{e}^{-jn\omega_0 t_0}$
频域平移	$x(t)\sin \omega_0 t$	$\dfrac{X(n-1) - X(n+1)}{2j}$
	$x(t)\cos \omega_0 t$	$\dfrac{X(n-1) + X(n+1)}{2}$
时域微分	$x^{(k)}(t)$	$(jn\omega_0)^k X(n)$

3.1.2　仿真案例

在傅里叶级数部分，给出了 3 个案例，分别针对矩形脉冲、锯齿波和组合信号的傅里叶级数。

案例 3.1.1　给定一个连续周期方波信号，周期 $T_0 = 2\mathrm{s}$，如图 3-4 所示，其中的一个周期可用如下的 $x_1(t)$ 来表示。完成以下的仿真验证。

$$x_1(t) = \begin{cases} 1, & 0 \leq t \leq 1 \\ 0, & 1 < t < 2 \end{cases}$$

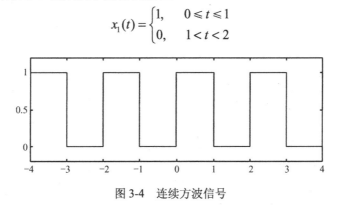

图 3-4　连续方波信号

（1）根据所给的信号参数，编写程序计算该信号傅里叶级数的系数。

（2）对信号的傅里叶级数做截断处理，参照式（3.1.10），改变其中的 N 的值，观察"Gibbs"现象。

案例分析：根据式（3.1.9）将信号写为复指数函数形式的傅里叶级数，通过理论计算可以得到其傅里叶级数的系数为：

当 $k = 0$ 时，$X(0) = \dfrac{1}{T_0} \displaystyle\int_{-T_0/2}^{T_0/2} x_1(t)\mathrm{d}t = 0$

当 $k \neq 0$ 时，根据傅里叶级数系数计算公式，有

$$X(k) = \frac{1}{T_0}\int_{-T_0/2}^{T_0/2} x_1(t)\mathrm{e}^{-jk\omega_0 t}\mathrm{d}t = \frac{1}{2}\int_0^1 \mathrm{e}^{-jk\omega_0 t}\mathrm{d}t = \frac{1}{-j2k\omega_0}\int_0^1 \mathrm{e}^{-jk\omega_0 t}\mathrm{d}(-jk\omega_0 t)$$

$$= \frac{\mathrm{e}^{-jk\omega_0 t}\Big|_0^1}{-j2k\omega_0} = \frac{\mathrm{e}^{-jk\omega_0} - 1}{-j2k\omega_0} = \mathrm{e}^{-j\frac{k}{2}\omega_0}\frac{\mathrm{e}^{-j\frac{k}{2}\omega_0} - \mathrm{e}^{j\frac{k}{2}\omega_0}}{-j2k\omega_0} = \frac{\sin\left(\dfrac{k}{2}\omega_0\right)}{k\omega_0}\mathrm{e}^{-j\frac{k}{2}\omega_0} \quad （3.1.12）$$

根据所给的信号参数，$\omega_0 = 2\pi/T_0 = \pi$，将其代入上式得到：$X(k) = (-j)^k\dfrac{\sin(k\pi/2)}{k\pi}$。可以看出，傅里叶级数系数的偶数项均为 0，在程序实现中可以简化处理，仅计算奇数项的系数，并进行信号合成即可。

参考代码：

```
%%%%%%%%%%%%%%%%%%%%%%%%%%%%%%%%%%%%%%%%
clc;close all
T = 2;                                          %%%  信号周期
dt = 0.00001;                                   %%%  时间离散步长
t = -2:dt:2;                                     %%%  信号持续时间
x1 =heaviside(t)-heaviside(t-1-dt);             %%%  一个周期内的信号
x = 0;
for m = -1:1                                     %%%  对 x1(t)进行周期性扩展
    x = x + heaviside(t-m*T) - heaviside(t-1-m*T-dt);
end
w0 = 2*pi/T;                                     %%%  计算角频率（基波频率）
N = input('The number of harmonic components N = :');   %%%  谐波分量数量
L = 2*N+1;                                       %%%  傅里叶级数的总项数
Fk=zeros(1,L);                                   %%%  对傅里叶级数系数初始化
for k = -N:1:N;                                  %%%  计算傅里叶级数的系数
    Fk(N+1+k) = (1/T)*x1*exp(-j*k*w0*t')*dt;
end
y=0;                                             %%%  待合成信号的值
for q = 1:L                                      %%%  有限傅里叶级数合成周期信号 y(t)
    y = y+Fk(q)*exp(j*(-(L-1)/2+q-1)*2*pi*t/T);
end;
figure;
subplot(1,2,1);                                 %%%  绘制原信号 x(t)
plot(t,x);
```

```
axis([-2,2,-0.2,1.2]);
xlabel('Time t');ylabel('Amplitude');
title('The original signal x(t)');
subplot(1,2,2);                                %%%  绘制合成信号 y(t)
plot(t,y);
axis([-2,2,-0.2,1.2]);
xlabel('Time t');ylabel('Amplitude');
title('The synthesis signal y(t)');
```

当 $N=10$ 时，原始信号及合成信号如图 3-5 所示。

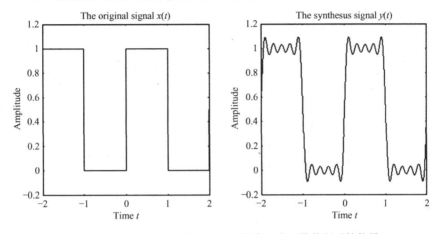

图 3-5 当 $N=10$ 时方波信号 $x(t)$ 及其傅里叶级数截断后的信号

当 $N=50$ 时，原始信号及傅里叶级数截断后的信号如图 3-6 所示。与 $N=10$ 的结果相比，$N=50$ 时的信号与原信号更加接近，在连续部分的起伏变小，但在不连续点处的过冲仍然存在。如下图右图中，在 $t=-1,0,1$ 处这些不连续点位置可以观察到"Gibbs"现象。如果进一步增加 N 的值，中间连续区域的起伏会进一步减小，但这种不连续点处的"过冲"不会减小。

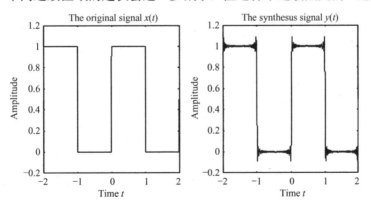

图 3-6 当 $N=50$ 时 $x(t)$ 及其傅里叶级数截断后的信号

案例 3.1.2 给定如下锯齿波周期信号，周期 $T_1=2s$，如图 3-7 所示，一个周期可用 $x_2(t)$ 来表示，使用 MATLAB 软件分别绘出该信号的幅值频谱与相位频谱。

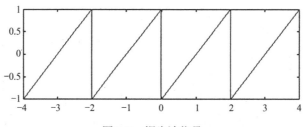

图 3-7　锯齿波信号

$$x_2(t) = t - 1, \quad 0 < t \leqslant 2$$

案例分析：在一个周期内（$0 < t \leqslant 2$）$x_2(t) = t - 1$，可以分解为两部分，t 和常数项 -1，-1 只影响信号的直流分量，是 $X(0)$ 的组成部分，不影响其他系数。且 $x_2(t) = t - 1$ 在一个周期内的直流分量为 0，对于 $k \neq 0$ 的傅里叶展开系数如下。

$$X(k) = \frac{1}{T_1} \int_0^{T_1} x_2(t) \mathrm{e}^{-jk\omega_0 t} \mathrm{d}t = \frac{1}{2} \int_0^2 t \mathrm{e}^{-jk\omega_0 t} \mathrm{d}t = -\frac{\mathrm{e}^{-jk\omega_0 T_1}}{jk\omega_0} + \frac{\mathrm{e}^{-jk\omega_0 T_1}}{k^2 \omega_0^2 T_1} - \frac{1}{k^2 \omega_0^2 T_1} \tag{3.1.13}$$

针对本案例所给信号，周期为 $T_1 = 2\mathrm{s}$，代入式（3.1.13）可以得到信号的傅里叶级数系数。

在 $k \neq 0$ 时为 $X(k) = -\dfrac{\mathrm{e}^{-2jk\omega_0}}{jk\omega_0} + \dfrac{\mathrm{e}^{-2jk\omega_0}}{2k^2\omega_0^2} - \dfrac{1}{2k^2\omega_0^2} = \mathrm{j}\dfrac{\mathrm{e}^{-2jk\omega_0}}{k\omega_0} + \dfrac{\mathrm{e}^{-2jk\omega_0}}{2k^2\omega_0^2} - \dfrac{1}{2k^2\omega_0^2}$。

根据上式，可以编程对所给信号进行仿真分析，并可以绘制其幅值频谱与相位频谱。

在编程实现中，我们可以采用自己编写的锯齿信号，也可以调用 MATLAB 提供的 sawtooth( )函数来产生案例中所要求的信号。这里对 sawtooth( )函数的使用进行简要说明。

sawtooth( )的调用方法有以下两种：

```
x = sawtooth(t)
x = sawtooth(t, width)
```

第一种调用方式，将产生周期为 2π 的锯齿波。以 $0 \sim 2\pi$ 这个周期为例，当 $t=0$ 时，$x(t) = -1$，当 $t = 2\pi$ 时，$x(t) = 1$。由此可见，在 $0 \sim 2\pi$ 这个周期内，$x(t)$ 是关于 t 的以 $1/\pi$ 为斜率的线段。

第二种调用方式，width 是 $0 \sim 1$ 之间的标量。在 $0 \sim 2\pi \times$width 区间内，$x(t)$ 的值从 -1 线性变化到 1；在 $2\pi \times$width $\sim 2\pi$ 区间内，$x(t)$ 的值又从 1 线性变化到 -1。sawtooth$(t,1)$ 和 sawtooth(t) 是等价的。

第二种调用方式可以调节产生锯齿（或三角波）信号的形状，在本案例中，我们要生成的仿真信号的周期为 2，锯齿的变化斜率为 1，采用第一种调用方式即可，但在使用中需要调整信号的斜率。

参考代码：

```
%%%%%%%%%%%%%%%%%%%%%%%%%%%%%%%%%%%%%
T =2;                          %%%  信号周期
dt=0.05;                       %%%  时间离散步长
t = -4:dt:4;                   %%%  时间序列
x2=sawtooth(2*pi/T*(t));       %%%  生成周期锯齿波信号
figure;                        %%%  绘制锯齿信号 x2
plot(t,x2);
w0 = 2*pi/T;                   %%%  角频率
```

```
N = 20;                                    %%%   设定谐波数量
k = -N:1:N;
FK= j*exp(-2*j*k*w0)./k/w0+exp(-2*j*k*w0)/2./k./k/w0/w0-1/2./k./k/w0/w0;
%%%   计算傅里叶级数系数
Fk(N+1)=0;                                 %%%   a0 项
phi = angle(Fk);                           %%%   傅里叶级数相位
figure;
subplot(1,2,1);                            %%%   绘制傅里叶级数系数的幅值
stem(k,abs(Fk),'k.');
title('The amplitude |ak| of x(t)');
subplot(1,2,2);                            %%%   绘制傅里叶级数系数的相位
stem(k, phi,'r.');
title('The phase phi(k) of x(t)');
```

运行程序，可以得到相应的运行结果，绘制的幅值频谱和相位频谱如图 3-8 所示。

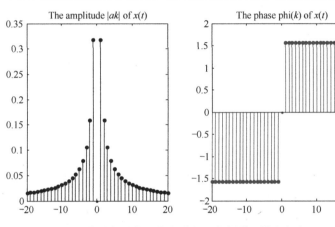

图 3-8 锯齿波信号的幅值频谱与相位频谱（横坐标为 k ）

从案例结果可以看出，锯齿波信号的幅值频谱随 $|k|$ 的增加而减小，而相位频谱则表现为恒定值，这里需要注意的是，仿真结果中的横坐标为 k，而不是频率值，实际上这里的 k 对应着的频率为 $k\omega_0$。该案例结果是基于理论推导而得到的，如果我们换一种方式来仿真傅里叶级数，如采用式（3.1.9）直接计算傅里叶级数的系数，这样的话就涉及了积分运算，而积分可以用小片段的求和来实现，我们给出基于定义式来实现的程序代码如下。

```
T =2;                                      %%%   信号周期
dt = 0.001;                                %%%   时间离散步长
t = 0:dt:2;                                %%%   时间序列
x2=sawtooth(2*pi/T*(t));                   %%%   生成周期锯齿波信号
w0 = 2*pi/T;                               %%%   角频率
N = 20;                                    %%%   谐波数量
L = 2*N+1;
Fk=zeros(1,L);
for k = -N:1:N;
    Fk(N+1+k) =(1/T)*x2*exp(-j*k*w0*t')*dt;    %%%   计算傅里叶级数
end
```

```
Fk(N+1)=0;                          %%%  A0 项
phi = angle(Fk);                    %%%  相位
figure;
subplot(1,2,1);                     %%%  绘制傅里叶级数系数的幅值
stem(-N:N,abs(Fk),'k.');
title('The amplitude |ak| of x(t)');
subplot(1,2,2);                     %%%  绘制傅里叶级数系数的相位
stem(-N:N, phi,'r.');
title('The phase phi(k) of x(t)');
```

该程序的运行结果如图 3-9 所示。

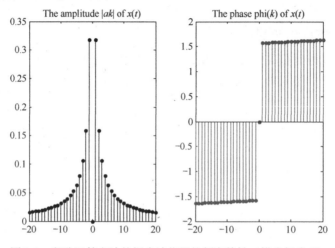

图 3-9　积分运算方法的锯齿波信号的频率特性（横坐标为 k）

从仿真结果的比较可以看出，所得到的幅频特性和相频特性基本一致，但在相频特性上与图 3-8 有细微的差别，这种差别是由于在进行傅里叶级数的系数计算中采用多个小段累加的方式引入了误差，为更加清楚地显示出这一原因，我们进一步增加积分间隔，在程序中修改 dt=0.01，得到的信号的幅值频谱和相位频谱如图 3-10 所示。

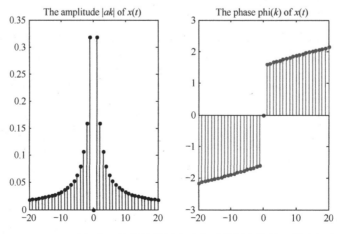

图 3-10　dt=0.01 时积分运算方法的锯齿波信号的频率特性（横坐标为 k）

在加大积分间隔的长度后，可以看出信号的傅里叶级数系数的相位误差进一步增加。我们重新回到开始的案例分析部分，对理论计算的结果进一步分析。

当信号周期为 2 时，有 $\omega_0 = \pi$，这时的傅里叶级数的系数为：

$$X(k) = j\frac{e^{-2jk\pi}}{k\pi} + \frac{e^{-2jk\pi}}{2k^2\pi^2} - \frac{1}{2k^2\pi^2} = \frac{j}{k\pi} \tag{3.1.14}$$

针对周期为 2 的情况，锯齿波的傅里叶级数系数的特性可以直观地观察出来，这里我们可以进一步思考，在上面的案例基础上，把锯齿波信号的周期改为 4 会得到什么样的傅里叶级数呢？

不同周期下的信号的傅里叶级数系数可以利用前面的仿真过程来仿真实现，这里我们从前面的案例分析给出一些解释。利用上周期与基波频率间的关系 $\omega_0 = 2\pi / T_1$，代入式（3.1.13）得到锯齿波信号的傅里叶级数的系数为（$k \neq 0$ 时）：

$$X(k) = -\frac{e^{-jk\omega_0 T_1}}{jk\omega_0} + \frac{e^{-jk\omega_0 T_1}}{k^2\omega_0^2 T_1} - \frac{1}{k^2\omega_0^2 T_1} = j\frac{T_1}{2\pi k} \tag{3.1.15}$$

从式（3.1.15）可以看出，锯齿波信号傅里叶级数的系数与信号周期有关，系数的幅频特性与周期成正比，然而我们直接利用积分运算的程序仿真得到的结果却与前面周期为 2 的情况没有明显差异。出现这种问题的原因在哪里？

在以上仿真中，我们给定了信号的幅值为 $-1 \sim 1$，因此周期为 2 和周期为 4 时的锯齿波信号如图 3-11 所示。可以看出，在不同的信号周期下，信号在一个周期内的变化斜率是不同的，分别以 $0 \sim 2$ 和 $0 \sim 4$ 的周期为例，不同周期的信号的斜率分别为 1 和 1/2，但在前面的案例分析中，式（3.1.13）的推导是在信号斜率为 1 的情况下得到的，故不能将式（3.1.13）通过直接修改周期的方式得到其他周期锯齿信号的傅里叶级数系数。

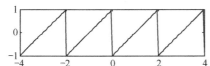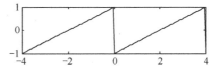

图 3-11 不同周期时的信号波形

在本案例中，给出了不同的仿真实现方式，通过修改仿真中的信号参数，对信号的傅里叶级数进行深入了解，同时，该案例也作为本书内容的一种导向，读者在阅读和实现后续内容的仿真中，能够思考不同情况下的仿真结果，并对所得到的结果与预期结果或理论结果进行对比，以加深对信号和线性时不变系统的理解和掌握。

案例3.1.3 在案例 3.1.1 的基础上，结合傅里叶级数性质表 3-1，通过编程验证 $x_1(t)\cos(\pi t)$ 的傅里叶级数具有 $\dfrac{X(n-1) + X(n+1)}{2}$ 的形式。

案例分析：在案例 3.1.1 中，已经编程实现并分析了矩形脉冲序列的傅里叶级数，本案例则是在矩形脉冲序列的基础上，进一步研究组合信号的傅里叶级数，组合信号也是一种信号，直接利用周期信号的傅里叶级数计算公式就可以得到其傅里叶级数。下面给出计算新的组合信号的傅里叶级数的参考程序代码。

```
%%%%%%%%%%%%%%%%%%%%%%%%%%%%%%%%%%%%%
clc;close all
```

```
T = 2;                                              %%%  信号周期
dt = 0.00001;                                       %%%  时间离散步长
t = -2:dt:2;                                        %%%  信号持续时间
x1 =heaviside(t)-heaviside(t-1-dt);                 %%%  一个周期内的矩形脉冲
x1 = x1.*cos(pi*t);                                 %%%  组合信号
x = 0;
for m = -1:1                                        %%%  对x1(t)进行周期性扩展
    x = x + heaviside(t-m*T) - heaviside(t-1-m*T-dt);
end
x = x .* cos(pi*t);
w0 = 2*pi/T;                                        %%%  计算角频率（基波频率）
N = input('The number of harmonic components N = :'); %%%  谐波分量数量
L = 2*N+1;                                          %%%  傅里叶级数的总项数
Fk=zeros(1,L);                                      %%%  对傅里叶级数系数初始化
for k = -N:1:N;                                     %%%  计算傅里叶级数的系数
    Fk(N+1+k) = (1/T)*x1*exp(-j*k*w0*t')*dt;
end
y=0;                                                %%%  待合成信号的值
for q = 1:L                                         %%%  有限傅里叶级数合成周期信号
    y = y+Fk(q)*exp(j*(-(L-1)/2+q-1)*2*pi*t/T);
end;
phi = angle(Fk);                                    %%%  相位
figure;
subplot(1,2,1);                                     %%%  绘制傅里叶级数
k = -N:1:N;
stem(k,abs(Fk),'k.');
title('The amplitude |ak| of x(t)');
subplot(1,2,2);                                     %%%  绘制傅里叶级数系数的相位
stem(k, phi,'r.');
title('The phase phi(k) of x(t)');
```

程序运行结果如图 3-12 所示。

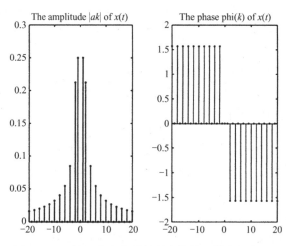

图 3-12　$x_1(t)\cos(\pi t)$ 信号的频率特性（横坐标为 k）

案例延伸：对该案例代码稍作修改（将组合信号变为矩形信号），即可得到矩形信号的傅里叶级数，可以验证本案例的傅里叶级数与原矩形脉冲序列的傅里叶级数系数之间的关系，具体的验证过程，这里不再给出。

3.1.3 仿真练习

1. 已知周期三角信号如图 3-13 所示，试求出该信号的傅里叶级数，利用 MATLAB 编程实现其各次谐波的叠加，观察"Gibbs"现象。

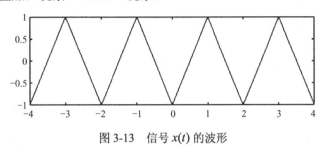

图 3-13 信号 $x(t)$ 的波形

2. 试用 MATLAB 分析图 3-13 中周期三角信号的频谱，当周期三角信号的周期发生变化时，试观察该信号频谱的变化，并总结变化的规律。

3.2 连续时间信号的傅里叶变换

3.2.1 原理和方法

连续信号的傅里叶变换是信号与系统课程的重要内容，也是进行信号分析和系统特性描述的重要工具。我们从连续时间信号傅里叶变换的定义、MATLAB 实现、性质等方面对涉及的主要原理和方法进行说明。

1. 连续时间信号傅里叶变换

对于周期信号，通过傅里叶级数可以分析信号的频谱特性，当信号周期趋于无限大时，周期信号就转化为非周期信号。而当周期信号的周期增大时，其傅里叶级数对应的频谱谱线的间隔就会变小，若周期趋于无限大，则谱线的间隔趋于无限小，此时，离散频谱变为连续频谱，可引入一个新的变量来表示频谱——频谱密度函数。

式（3.1.8）中两边乘以周期 T_1，可得到：

$$X(k\omega_0)T_1 = \frac{2\pi X(k\omega_0)}{\omega_0} = \int_{t_0}^{t_0+T_1} x(t)e^{-jk\omega_0 t}dt \tag{3.2.1}$$

令 $T_1 \to \infty$，则重复频率 $\omega_0 \to 0$，离散频率 $n\omega_0$ 趋向于连续频率 ω，$\dfrac{2\pi X(k\omega_0)}{\omega_0}$ 则趋于一个有限值，$\dfrac{X(k\omega_0)}{\omega_0}$ 表示了单位频带的频谱值，即频谱密度 $X(j\omega)$。这样式（3.2.1）就变成：

$$X(j\omega) = \lim_{T_0 \to \infty} \int_{-T_0/2}^{T_0/2} x(t)e^{-jk\omega_0 t}dt = \int_{-\infty}^{\infty} x(t)e^{-j\omega t}dt \tag{3.2.2}$$

式（3.2.2）即为傅里叶变换，其逆变换为：

$$x(t) = \frac{1}{2\pi} \int_{-\infty}^{\infty} X(j\omega) e^{j\omega t} d\omega \tag{3.2.3}$$

连续时间傅里叶变换用于描述连续时间信号的频谱。对于任意非周期信号，同周期信号一样，它可以分解成许多不同频率的正弦、余弦分量。所不同的是，由于非周期信号可以看作周期趋于无限大的信号，其基波趋于无限小，于是它包含了从零到无限高的所有频率分量，即无限多不同频率的周期复数指数信号 $e^{j\omega t}$ 的线性组合。对于每一个频率，$e^{j\omega t}$ 叫作频率分量，相应的幅值为 $|X(j\omega)|$，相位为 $\angle X(j\omega)$。

$X(j\omega)$ 是 ω 的复函数，它可以在极坐标下定义：

$$X(j\omega) = |X(j\omega)| e^{j\angle X(j\omega)} \tag{3.2.4}$$

式中，$|X(j\omega)|$ 是 $x(t)$ 的幅值频谱；$\angle X(j\omega)$ 是 $x(t)$ 的相位频谱。

给定一个连续时间非周期信号 $x(t)$，它的频谱是连续且非周期的。这是连续时间非周期信号傅里叶变换的一个基本特性。从理论上来说，傅里叶变换应满足一定的条件才能存在，这种条件类似于 Dirichlet 条件，不同的地方是时间范围由一个周期变为无限的区间。傅里叶变换存在的充分条件为在无限区间内满足绝对可积：

$$\int_{-\infty}^{\infty} |x(t)| dt < \infty \tag{3.2.5}$$

对于连续时间周期信号，通常不满足绝对可积的条件，因此，无法利用式（3.2.1）计算。要对周期信号进行频谱表示和分析，需要借助冲激信号。

这里需要对傅里叶级数和傅里叶变换进行说明，它们之间的联系在式（3.2.2）中已有表达。另外需要明确，傅里叶级数仅是对信号描述方式或信号形式的变换，仍然是保持在时间域上；而傅里叶变换则是将时间域和频率域联系起来，是一种域的变换。

式（3.2.5）是傅里叶变换存在的充分条件，对于周期信号，显然是不满足绝对可积条件的，周期信号的傅里叶变换也是存在的，这里我们给出周期信号傅里叶变换的简要推导过程。周期信号傅里叶变换的推导需要用到傅里叶级数和一个非常重要的傅里叶变换对

$$\delta(t) \leftrightarrow 1 \tag{3.2.6}$$

根据傅里叶变换的定义，有关系

$$\delta(t) = \frac{1}{2\pi} \int_{-\infty}^{+\infty} 1 \cdot e^{j\omega t} d\omega$$

即

$$2\pi\delta(t) = \int_{-\infty}^{+\infty} 1 \cdot e^{j\omega t} d\omega$$

进行变量替换，可以得到：

$$2\pi\delta(-\omega) = \int_{-\infty}^{+\infty} e^{-jt\omega} dt$$

上式表明，直流量 1 所对应的傅里叶变换具有冲激信号的形式，即 $2\pi\delta(-\omega)$。上式进一步变换，可以得到：

$$2\pi\delta(\omega_0 - \omega) = \int_{-\infty}^{+\infty} e^{-jt(\omega - \omega_0)} dt = \int_{-\infty}^{+\infty} e^{j\omega_0 t} e^{-j\omega t} dt$$

即复指数信号 $e^{j\omega_0 t}$ 的傅里叶变换为 $2\pi\delta(\omega_0 - \omega)$。这表明，复指数信号 $e^{j\omega_0 t}$ 的傅里叶变换是位

于 ω_0 的面积为 2π 的冲激信号。

对于周期信号，我们已经知道其具有傅里叶级数的形式，也就是满足 Dirichlet 条件的周期信号均可以写为复指数信号的线性组合的形式。对周期信号进行傅里叶变换将得到冲激信号的线性组合，如下式所示。

$$X(\mathrm{j}\omega) = \sum_{k=-\infty}^{+\infty} a_k 2\pi\delta(\omega - k\omega_0) = \sum_{k=-\infty}^{+\infty} 2\pi a_k \delta(\omega - k\omega_0) \tag{3.2.7}$$

式（3.2.7）表明，一个傅里叶级数系数为 $\{a_k\}$ 的周期信号的傅里叶变换，可以看作出现在呈谐波关系的频率上的一串冲激函数，发生于第 k 次谐波频率 $k\omega_0$ 上的冲激函数的面积是第 k 个傅里叶级数系数 a_k 的 2π 倍。

2．傅里叶变换和逆变换的 MATLAB 实现

傅里叶变换和逆变换一起构成了傅里叶变换对，并且信号的傅里叶变换及其逆变换之间构成了一一对应关系。在进行仿真验证时，傅里叶变换和逆变换是一种积分运算，在仿真中通常可以采用三种方式来实现：第一种是通过离散化将积分转换为求和；第二种为通过理论分析得到信号的理论变换及逆变换的解析形式，然后对理论形式进行编程实现；第三种为直接调用仿真软件提供的变换和逆变换函数。前两者都需要自己编程实现。这三种方式中，第一种为一种近似实现方式，在仿真中需要将积分的间隔取得足够小；第二种方式得到的结果精确，但并不是所有的信号都可以很容易地写出傅里叶变换或逆变换的解析式，在无法得到解析式时，也就无法采用第二种方式来实现；第三种方式可以得到精确的变换结果，但对于仿真和实验，这种方式观察结果是可以的，但从掌握傅里叶变换或逆变换的本质的角度，这种方式是有缺陷的。从有助于学习的角度出发，我们倾向于采用第一种方式。如果要进行实验结果的对比和验证，则需要采用多种方式进行比较。

MATLAB 工具箱提供了傅里叶变换和逆变换函数，其中，傅里叶变换的调用格式如下：

$$F = \text{fourier}(f)$$

式中，f 是信号在时域的符号表达式；F 是信号在频域的符号表达式；fourier ( )表示傅里叶变换操作，默认返回关于符号对象 ω 的函数。

逆变换如下：

$$f = \text{ifourier}(F)$$

式中，f 是信号在时域的符号表达式；F 是信号在频域的符号表达式，独立变量默认为 ω；ifourier ( )表示傅里叶逆变换，默认返回关于符号对象 x 的函数。

需要注意的是，在调用 MATLAB 提供的 fourier ( )和 ifourier ( )函数计算傅里叶变换和逆变换时，需要定义符号变量。

3．连续时间傅里叶变换的性质

在所给出的傅里叶变换和逆变换的定义式的基础上，通过简单的推导和变换可以得到一系列重要性质，这些性质反映着信号的特性；另一方面，在我们进行信号分析时，熟练利用这些性质可以更容易、更方便地发现其中的本质。傅里叶变换的性质如表 3-2 所示。

表 3-2 傅里叶变换的性质

性　质	非周期信号	傅里叶变换
	$x(t)$	$X(j\omega)$
	$y(t)$	$Y(j\omega)$
线性	$ax(t) + by(t)$	$aX(j\omega) + bY(j\omega)$
时移	$x(t - t_0)$	$\mathrm{e}^{-j\omega t_0}X(j\omega)$
频移	$\mathrm{e}^{j\omega_0 t}x(t)$	$X(j(\omega - \omega_0))$
共轭	$x*(t)$	$X*(-j\omega)$
时间反转	$x(-t)$	$X(-j\omega)$
时间与频率尺度变换	$x(at)$	$\dfrac{1}{\lvert a \rvert}X(j\omega)$
卷积	$x(t) * y(t)$	$X(j\omega)Y(j\omega)$
相乘	$x(t)y(t)$	$\dfrac{1}{2\pi}X(j\omega) * Y(j\omega)$
时域微分	$\dfrac{\mathrm{d}}{\mathrm{d}t}x(t)$	$j\omega X(j\omega)$
积分	$\displaystyle\int_{-\infty}^{t} x(t)\mathrm{d}t$	$\dfrac{1}{j\omega}X(j\omega) + \pi X(0)\delta(\omega)$
频域微分	$tx(t)$	$j\dfrac{\mathrm{d}}{\mathrm{d}\omega}X(j\omega)$
实信号的共轭对称性	$x(t)$为实信号	$\begin{cases} X(j\omega) = X*(-j\omega) \\ \mathrm{Re}\{X(j\omega)\} = \mathrm{Re}\{X(-j\omega)\} \\ \mathrm{Im}\{X(j\omega)\} = -\mathrm{Im}\{X(-j\omega)\} \\ \lvert X(j\omega) \rvert = \lvert X(-j\omega) \rvert \\ \angle X(j\omega) = \angle X(-j\omega) \end{cases}$
实、偶信号的对称性	$x(t)$为实、偶信号	$X(j\omega)$为实且偶
实、奇信号的对称性	$x(t)$为实、奇信号	$X(j\omega)$为虚且奇
实信号的奇偶分解	$x_e(t) = \mathrm{Ev}\{x(t)\}$ $x_o(t) = \mathrm{Od}\{x(t)\}$	$[x(t)$为实$]\quad \mathrm{Re}\{X(j\omega)\}$ $[x(t)$为实$]\quad j\mathrm{Im}\{X(j\omega)\}$

　　表 3-2 中，位于信号右上角的"*"表示信号的共轭，位于两个信号中间的"*"则表示信号的卷积运算。为了加深对傅里叶变换的性质的理解，这里以共轭对称性为例进行简要的说明。若有 $x(t)\xleftrightarrow{\ \mathrm{FT}\ }X(j\omega)$，那么根据傅里叶变换的共轭对称性，有 $x*(t)\xleftrightarrow{\ \mathrm{FT}\ }X*(-j\omega)$。我们首先给出简要的推导过程：

$$\because x(t) = \frac{1}{2\pi}\int_{-\infty}^{+\infty} X(j\omega)\mathrm{e}^{j\omega t}\mathrm{d}\omega$$

$$\therefore x*(t) = \frac{1}{2\pi}\int_{-\infty}^{+\infty} X*(j\omega)\mathrm{e}^{-j\omega t}\mathrm{d}\omega = -\frac{1}{2\pi}\int_{+\infty}^{-\infty} X*(-j\omega)\mathrm{e}^{j\omega t}\mathrm{d}\omega$$

$$= \frac{1}{2\pi}\int_{-\infty}^{+\infty} X*(-j\omega)\mathrm{e}^{j\omega t}\mathrm{d}\omega$$

　　我们可以进一步考虑，如果信号 $x(t)$ 为实信号，则其共轭对称性又有什么变化？

当 $x(t)$ 为实信号，即有：

$$x(t) = x*(t)$$

$$\therefore X(\mathrm{j}\omega) = X*(-\mathrm{j}\omega)$$

$$X(-\mathrm{j}\omega) = X*(\mathrm{j}\omega)$$

$$\therefore \operatorname{Re}\{X(-\mathrm{j}\omega)\} = \operatorname{Re}\{X*(\mathrm{j}\omega)\} = \operatorname{Re}\{X(\mathrm{j}\omega)\}$$

$$\operatorname{Im}\{X(-\mathrm{j}\omega)\} = \operatorname{Im}\{X*(\mathrm{j}\omega)\} = -\operatorname{Im}\{X(\mathrm{j}\omega)\}$$

以上两式表明，对于实信号 $x(t)$，其傅里叶变换的实部是 ω 的偶函数，虚部是 ω 的奇函数。再进一步讲，如果是实的偶函数，即 $x(t) = x*(t) = x(-t)$，根据傅里叶变换的性质，有

$$X(\mathrm{j}\omega) = X*(-\mathrm{j}\omega) = X(-\mathrm{j}\omega)$$

上式表明，实偶信号的傅里叶变换 $X(\mathrm{j}\omega)$ 仍然是实偶函数。若信号 $x(t)$ 为实的奇信号，可以得到：

$$X(-\mathrm{j}\omega) = X*(\mathrm{j}\omega) = -X(\mathrm{j}\omega)$$

上式表明，实奇信号 $x(t)$ 的傅里叶变换 $X(\mathrm{j}\omega)$ 仍为奇信号，并且 $X(\mathrm{j}\omega)$ 为纯虚数，即其实部为 0。我们知道，任意信号均可以分解为一个偶信号和一个奇信号的和的形式，即

$$x(t) = \operatorname{Ev}\{x(t)\} + \operatorname{Od}\{x(t)\}$$

$$\operatorname{Ev}\{x(t)\} = \frac{1}{2}[x(t) + x(-t)]$$

$$\operatorname{Od}\{x(t)\} = \frac{1}{2}[x(t) - x(-t)]$$

结合上面的傅里叶变换的性质，我们可以得到如下的结论：

$$\operatorname{Ev}\{x(t)\} \overset{\text{FT}}{\longleftrightarrow} \operatorname{Re}\{X(\mathrm{j}\omega)\}$$

$$\operatorname{Od}\{x(t)\} \overset{\text{FT}}{\longleftrightarrow} \operatorname{Im}\{X(\mathrm{j}\omega)\}$$

通过傅里叶变换，把时间域和频率域联系了起来，卷积是信号运算的一种方式，可以把信号与系统联系起来，用于描述 LTI 系统的输入和输出之间的关系；通过傅里叶变换的性质，也进一步把卷积运算与时频域的关系联系起来，具体的卷积性质在前文已经给出，鉴于该性质的重要性，我们给出其推导过程。

对于信号 $x(t)$ 和 $h(t)$，有 $x(t) \overset{\text{FT}}{\longleftrightarrow} X(\mathrm{j}\omega)$，$h(t) \overset{\text{FT}}{\longleftrightarrow} H(\mathrm{j}\omega)$，对于卷积运算 $x(t)*h(t)$，其傅里叶变换为：

$$y(t) = \int_{-\infty}^{+\infty} x(\tau)h(t-\tau)\mathrm{d}\tau$$

$$Y(\mathrm{j}\omega) = \int_{-\infty}^{+\infty} x(\tau)\left[\int_{-\infty}^{+\infty} h(t-\tau)\mathrm{e}^{-\mathrm{j}\omega t}\mathrm{d}t\right]\mathrm{d}\tau$$

利用信号平移性质，得到 $h(t-\tau)$ 的傅里叶变换：

$$Y(\mathrm{j}\omega) = \int_{-\infty}^{+\infty} x(\tau)\mathrm{e}^{-\mathrm{j}\omega\tau}H(\mathrm{j}\omega)\mathrm{d}\tau = H(\mathrm{j}\omega)\int_{-\infty}^{+\infty} x(\tau)\mathrm{e}^{-\mathrm{j}\omega\tau}\mathrm{d}\tau = X(\mathrm{j}\omega)H(\mathrm{j}\omega)$$

这样就得到了傅里叶变换的卷积性质：

$$y(t) = h(t)*x(t) \overset{\text{FT}}{\longleftrightarrow} Y(\mathrm{j}\omega) = H(\mathrm{j}\omega)X(\mathrm{j}\omega)$$

根据这一性质，在时间域的卷积运算可以利用频率域中的乘积运算来实现。

3.2.2　仿真案例

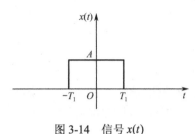

图 3-14　信号 $x(t)$

案例 3.2.1　对图 3-14 所示信号 $x(t)=\begin{cases}1, & |t|<T_1 \\ 0, & |t|>T_1\end{cases}$，编写程序计算其傅里叶变换。改变 T_1 的值（如 1、2、3 等），分别绘出其幅值频谱和相位频谱，比较在不同的 T_1 值时信号傅里叶变换的差异。（图中的信号幅值为确定的值，如上式中的 1。）

案例分析：对案例中所给的矩形脉冲信号，易写出其信号表达式：

$$x(t)=u\left(t+\frac{T_1}{2}\right)-u\left(t-\frac{T_1}{2}\right)$$

直接利用定义式可以得到其傅里叶变换为：

$$\begin{aligned}X(\mathrm{j}\omega)&=\int_{-\infty}^{\infty}x(t)\mathrm{e}^{-\mathrm{j}\omega t}\mathrm{d}t\\&=\int_{-\frac{T_1}{2}}^{\frac{T_1}{2}}\left(u\left(t+\frac{T_1}{2}\right)-u\left(t-\frac{T_1}{2}\right)\right)\mathrm{e}^{-\mathrm{j}\omega t}\mathrm{d}t\\&=\int_{-\frac{T_1}{2}}^{\frac{T_1}{2}}\mathrm{e}^{-\mathrm{j}\omega t}\mathrm{d}t\\&=T_1\cdot\mathrm{Sa}\left(\frac{\omega T_1}{2}\right)\end{aligned}$$

从以上的计算过程可以看出，矩形脉冲信号的频谱有 Sa 信号的形式，其频谱的范围为整个频率轴。这里需要说明的是，在上面的分析中，将信号 $x(t)$ 写为了阶跃信号的组合的形式，并将这种形式用于了傅里叶变换的积分运算，这种形式不是唯一形式，其实我们也可以直接在 $-T_1\sim T_1$ 的积分区间按照信号幅值进行积分。这里写成阶跃信号的形式，是为了引导读者可以考虑利用阶跃信号的傅里叶变换性质来分析信号。

参考代码：

```
%%%%%%%%%%%%%%%%%%%%%%%%%%%%%%%%%%%%%
clear;clc;close all;
T1=2;                               %%%   设定 T1 的值
A=1;                                %%%   信号幅值
w=-3*pi:0.08:3*pi;                  %%%   频率变化序列
for ii=1:length(w)
    present_w=w(ii);
    F(ii)=int_cal(T1,A,present_w);  %%%   调用子函数计算第 ii 个频点的值
end
figure;                             %%%   绘制频谱的实部
plot(w,real(F));
xlabel('Frequency w');
title('Real part of the Fourier transform');
figure;                             %%%   绘制频谱的幅值
plot(w,abs(F));
```

```
xlabel('Frequency w');
title('Amplitude spectrum of signal');
figure;                                    %%%   绘制频谱的相位
plot(w,abs(angle(F)));
xlabel('Frequency w');
title('Phase spectrum of signal');

function[val_fre]=int_cal(T1,A,present_w)
%%%%%   计算信号积分的子函数
delta_t=0.02;                              %%%   求和的小段长度
t=-T1:delta_t:T1;                          %%%   积分区间
val_fre=sum(exp(-j*present_w*t)*delta_t);  %%%   利用求和计算积分
```

在以上案例的代码中，利用了编写的积分计算函数 int_cal( )来实现积分计算，关于子函数的调用和使用方法在前面的 MATLAB 基础中已经做了相关的说明。从前面的案例分析可以看出，该信号的傅里叶变换为实数，因此在绘制仿真结果时，可以仅画出实部的曲线来描述傅里叶变换的结果。程序的运行结果如图 3-15 至图 3-18 所示。

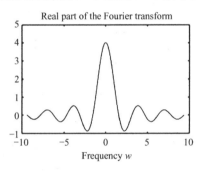

图 3-15 当 $T=2$ 时信号傅里叶变换的实部

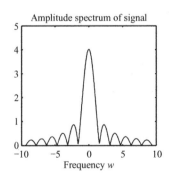
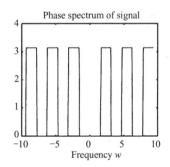

图 3-16 当 $T=2$ 时信号的幅值频谱和相位频谱

在上面的仿真结果中，相频曲线在 $0 \sim \pi$ 之间变化，这也表明了信号的傅里叶变换的结果为实数，并且在正数和负数间变换。另外，通过比较图 3-16 与图 3-18 的结果可以观察到本案例的另一个非常重要的结论，即信号在时域上的扩展会导致其在频域上的压缩，另外会导致信号频谱幅值的增加。

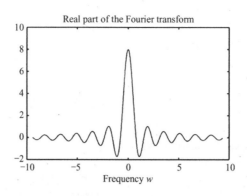

图 3-17 当 $T=4$ 时信号傅里叶变换的实部

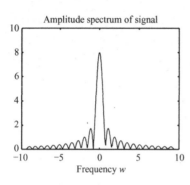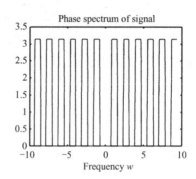

图 3-18 当 $T=4$ 时信号的幅值频谱和相位频谱

在本案例直接观察的基础上，我们可以推测，当矩形信号的宽度变得无穷大时，其频谱将会有什么特点？

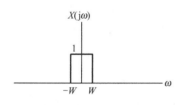

图 3-19 $x(t)$ 的频谱

案例 3.2.2 考虑信号 $x(t)$，其频谱为 $X(j\omega) = \begin{cases} 1, & |\omega| < W \\ 0, & |\omega| > W \end{cases}$，如图 3-19 所示。编写仿真程序，计算其傅里叶逆变换得到 $x(t)$。改变信号频谱的 W 值（如改为 2、4、6 等），观察不同频谱宽度下所得到的时域信号差异。

案例分析：已知信号频谱，其数学表达式为：
$$X(j\omega) = u(\omega + W) - u(\omega - W)$$

利用傅里叶逆变换可以计算出时域信号为：

$$
\begin{aligned}
x(t) &= \frac{1}{2\pi} \int_{-\infty}^{\infty} X(j\omega) e^{j\omega t} d\omega \\
&= \frac{1}{2\pi} \int_{-W}^{W} (u(\omega + W) - u(\omega - W)) e^{j\omega t} d\omega \\
&= \frac{1}{2\pi} \int_{-W}^{W} e^{j\omega t} d\omega \\
&= \frac{W}{\pi} \cdot \mathrm{Sa}(Wt)
\end{aligned}
$$

从上式的计算结果可以看出，矩形频谱逆变换得到的时域信号同样具有 Sa 信号的形式，存在时间也是遍布整个时间轴。从本案例与案例 3.2.1 的理论分析可以看出，这些信号在形式上具有一些相似之处。对于这些相似性的深入理解和现象的解释，读者可以参考傅里叶变换的对偶性质。

参考代码：

```
%%%%%%%%%%%%%%%%%%%%%%%%%%%%%%%%%
clear;clc;close all;
W=2;                                    %%%  案例信号的频谱宽度
A=1;                                    %%%  案例信号的频谱幅值
w=-3*pi:0.08:3*pi;                      %%%  频谱范围
for ii=1:length(w)                      %%%  调用子函数，计算逆傅里叶变换
    present_w=w(ii);
    F(ii)=iint_cal(W,A,present_w);
end
figure;                                 %%%  绘制案例信号的逆傅里叶变换
plot(w,real(F));
grid;xlabel('t');
title(strcat('Original signal W=',num2str(W)));


%%%%%%%%%%%  function  %%%%%%%%%%%%%%%%%%%
function[val_fre]=iint_cal(W,A,present_w)
%%%%%%%%%%%  针对案例信号编写的积分函数
delta_t=0.02;                           %%%  求和的小段长度
t=-W:delta_t:W;                         %%%  积分区间
val_fre=1/(2*pi)*sum(exp(j*present_w*t)*delta_t);  %%%  利用求和计算积分
```

本案例在实现过程上与案例 3.2.1 相似，在编程实现中也利用了编写的积分运算子函数。不管是傅里叶变换还是傅里叶逆变换，需要注意的是变换前后，时域的点数与频域的点数是一致的。如上面的案例中计算逆傅里叶变换时，循环中用了频域上频点的数目，该数目就等于逆变换后的时域信号的长度（点数）。

当 W 取不同的值时，得到的仿真结果如图 3-20 所示。

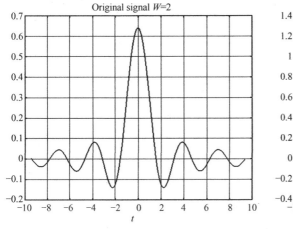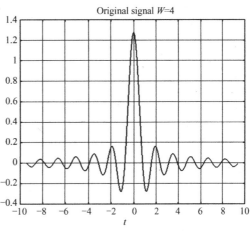

图 3-20　W=2 和 W=4 时的时域信号

由图 3-20 可以看出，信号在频域上的扩展会导致其在时域上的压缩。这个结论与案例 3.2.1 的结论是相对应的。

案例 3.2.3 绘出 $x(t) = 2\sin(200\pi t)$ 的频谱图，变换采样间隔和 t 的取值范围，观察信号频谱与理论计算的频谱间的差异，分析造成这些差异的原因。

案例分析：案例中所给信号显然是一个周期信号，需要利用周期信号的傅里叶变换方法来实现。首先计算周期信号的傅里叶级数系数，由于所给信号相对简单，可以直接利用欧拉公式来得到傅里叶级数的系数，如下：

$$\sin(200\pi t) = \frac{1}{2j}(e^{j200\pi t} - e^{-j200\pi t})$$

可以看出，对应的傅里叶级数的系数为 $a_1 = \frac{1}{2j}$ 和 $a_{-1} = -\frac{1}{2j}$。

这样就可以得到信号 $x(t)$ 的傅里叶变换为：

$$x(t) = 2\sin(200\pi t) \leftrightarrow X(j\omega) = -2\pi j[\delta(\omega - \omega_0) - \delta(\omega + \omega_0)]$$

由上面的结果可知其幅值频谱为在 $\pm\omega_0$ 处的两个冲激函数，上式中的 $\omega_0 = 200\pi$。

在编程仿真中，需要用离散信号来仿真连续信号，当采样间隔为 0.0005s，即 $dt = 0.0005$，时间 t 的取值范围为[-0.05 0.05]时的参考代码如下。

```
%%%%%%%%%%%%%%%%%%%%%%%%%%%%%%%%%%%%%
dt=0.0005;                          %%%%  采样间隔
t=-0.05:dt:0.05;                    %%%%  t 取值范围
ft=2*sin(200*pi*t);                 %%%%  信号 ft
figure;                             %%%%  绘制信号 ft
plot(t,ft);grid on;
xlabel('t'),ylabel('f(t)');
title('Signal');
N= (max(t)-min(t))/dt;
k=-N:N;
W=pi*k/(N*dt);
F=dt*ft*exp(-1j*t'*W);              %%%%  信号频谱
figure;
plot(W,abs(F));                     %%%%  绘制幅值频谱
grid on;
xlabel('w'),ylabel('F(w)');
axis([-400*pi 400*pi 0 0.12])
title('Amplitude spectrum');
```

运行结果如图 3-21 和图 3-22 所示。

观察图 3-22 所示的信号频谱，其两个峰值出现在 $\pm200\pi$ 处，但中间还有很多其他的频率分量。这是由于在仿真中，t 的仿真时间不可能为无限大，因此也无法得到严格意义上的冲激函数。

当采样间隔为 0.006s（$dt = 0.006$），t 的取值为[-0.05 0.05]时的信号和幅值频谱如图 3-23 和图 3-24 所示。

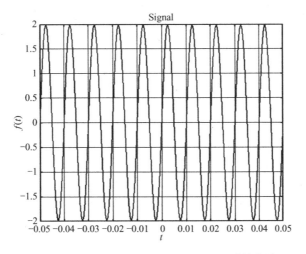

图 3-21 dt =0.0005，t 取值[-0.05 0.05]时的信号

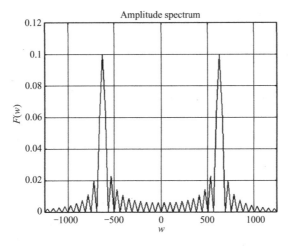

图 3-22 dt =0.0005，t 取值[-0.05 0.05]时的信号幅频图

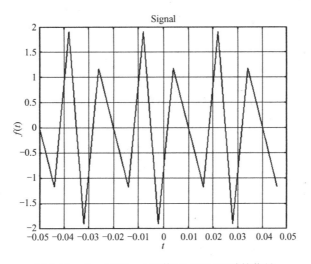

图 3-23 dt =0.006，t 取值[-0.05 0.05]时的信号

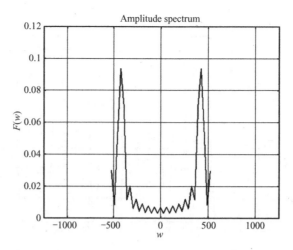

图 3-24　　dt =0.006，t 取值[-0.05 0.05]时的信号幅频图

由图 3-23 可见，此时采样信号已经产生失真，图 3-24 的信号幅频相对于图 3-22 而言也产生了偏移，峰值并不在 ±200π 处，这是采样间隔过长导致的，该案例不满足采样定理的条件（采样定理相关案例在本书的后续章节讲解），这里先给出一个引子，不同的采样间隔会得到不同的时域信号波形，从这个案例中我们可以直接观察到，采样间隔会影响信号的频谱。

作为对比，采用与图 3-22 所示一样的采样间隔（dt =0.0005），但仿真时间 t 的取值为[-0.5 0.5]时，我们再来观察信号的时域和频域特性。时域信号及其幅值频谱如图 3-25 和图 3-26 所示。时间域上放大后可以看出，信号仍然保持正弦波的信号形式，但在频谱上，与图 3-22 所示结果有很大的区别。

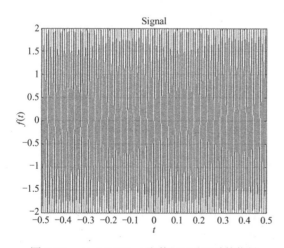

图 3-25　　dt =0.0005，t 取值[-0.5 0.5]时的信号

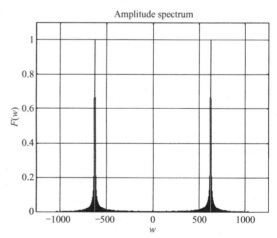

图 3-26　　dt =0.0005，t 取值[-0.5 0.5]时的信号幅频图

由图 3-25 及图 3-26 可见，在满足采样定理的条件下，采样点数越多，得到的信号幅值频谱也会越接近于理论计算结果——冲激函数，这说明此时的采样间隔和采样时间对于描述信号是更合适的，这里需要注意的是，合适的参数并非仅此一组。我们只是直观地得到，信号间隔小，信号采样长度长对于保持信号特性是有利的，涉及的理论解释将在后续的信号采样与重构部分进行说明。

3.2.3 仿真练习

1. 试用 MATLAB 命令求下列信号的傅里叶变换，并绘出其幅值频谱和相位频谱。

（1） $f_1(t) = \dfrac{\cos[\pi(t-1)]}{\pi(t-1)}$ 　　　　　（2） $f_2(t) = [f_1(t)]^2$

2. 试用 MATLAB 命令求下列信号的傅里叶逆变换，并绘出其时域信号图。

（1） $F_1(j\omega) = \dfrac{1}{2+j\omega} + \dfrac{2}{9+j\omega}$ 　　　　（2） $F_2(j\omega) = Sa(2\pi j\omega)e^{j\omega}$

3. 试用 MATLAB 数值计算方法求解图 3-27 所示信号的傅里叶变换，并画出其频谱图。

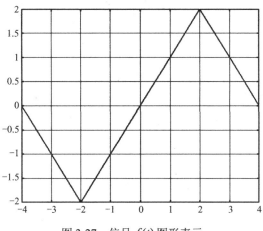

图 3-27　信号 $f(t)$ 图形表示

4. 试对案例 3.2.1 中的信号进行时移和尺度变换得到两个新的信号，观察其傅里叶变换结果，并与原信号的频谱进行比较。

3.3 连续时间信号的拉普拉斯变换

3.3.1 原理和方法

由 3.2 节可知，当信号满足 Dirichlet 条件时，才可进行傅里叶变换，显然有很多信号不满足这一条件。如指数信号 e^{at}（$a>0$），其傅里叶变换就不存在，并且对于阶跃信号等虽然存在傅里叶变换对，但其变换结果中会出现冲激信号 $\delta(\omega)$，为了能够使更多的函数存在变换，并简化运算，引入衰减因子 $e^{-\sigma t}$（σ 为任意实数），使得 $e^{-\sigma t}f(t)$ 得以收敛，进而使得绝对可积条件能够满足。则 $e^{-\sigma t}f(t)$ 的傅里叶变换可以写作：

$$
\begin{aligned}
X &= \int_{-\infty}^{\infty} (x(t)e^{-\sigma t})e^{-j\omega t}\mathrm{d}t = \int_{-\infty}^{\infty} x(t)e^{-(\sigma+j\omega)t}\mathrm{d}t \\
&= \int_{-\infty}^{\infty} x(t)e^{-st}\mathrm{d}t
\end{aligned}
\tag{3.3.1}
$$

以上即为函数 $x(t)$ 的双边拉普拉斯变换 $X(s)$，其中 $s = \sigma + j\omega$。相对于傅里叶变换来说，拉普拉斯变换将变换域扩展到了复频域。而傅里叶变换是在频域进行的，傅里叶变换是 $\sigma=0$ 情况下的一种特殊的拉普拉斯变换，也就是说，傅里叶变换是拉普拉斯变换的特例。

由于实际问题中遇到的信号都是因果信号，此时应采用单边拉普拉斯变换，不考虑 $t < 0$ 时的 $x(t)$。单边拉普拉斯变换从 0^- 开始，包括 $t = 0$ 时的脉冲，其定义如下：

$$X(s) = \int_{0^-}^{\infty} x(t)\mathrm{e}^{-st}\mathrm{d}t \qquad (3.3.2)$$

单边拉普拉斯逆变换的结果 $x(t)$ 由以下复数积分得到：

$$x(t) = \frac{1}{2\pi\mathrm{j}} \int_{\sigma-\mathrm{j}\infty}^{\sigma+\mathrm{j}\infty} X(s)\mathrm{e}^{st}\mathrm{d}s \qquad (3.3.3)$$

σ 的值有一定的范围，以使 $s = \sigma + \mathrm{j}\omega$ 在收敛域（ROC）内。

拉普拉斯变换与傅里叶变换的差别在于：傅里叶变换建立的是时域和频域间的联系，而拉普拉斯变换建立的是时域与复频域（s 域）之间的联系。从物理上讲，傅里叶变换的 ω 是振荡的重复频率；而拉普拉斯变换的 s 不仅给出了重复频率，同时还表示了振荡幅值的衰减速率或增长速率；对于连续信号，拉普拉斯变换比傅里叶变换应用更广。

通常情况下，拉普拉斯变换的结果为一个有理函数，它是复数变量 s 的一个多项式比值：

$$H(s) = \frac{B(s)}{A(s)} = \frac{b_1 s^{n-1} + \cdots + b_{n-1}s + b_n}{a_1 s^{m-1} + \cdots + a_{m-1}s + a_m} \qquad (3.3.4)$$

可以使用 MATLAB 中的 "tf2zp( )" 函数得到因式分解形式的传递函数：

$$H(s) = \frac{N(s)}{D(s)} = k \frac{(s-n_1)(s-n_2)\cdots(s-n_m)}{(s-d_1)(s-d_2)\cdots(s-d_n)} \qquad (3.3.5)$$

$N(s)=0$ 的根即为 $X(s)$ 的零点；$D(s)=0$ 的根为 $X(s)$ 的极点。$X(s)$ 可在 s 平面中用零极点的形式来描述，即极点-零点图，也称零极点图。

在 s 平面中标记 $N(s)$ 与 $D(s)$ 的根并标明其收敛域，能够为拉普拉斯变换提供形象化的解释。

除了比例因子外，有理函数形式的拉普拉斯变换还包括零极点图及其收敛域。给定右边信号 $x(t)$，其极点为 $z_i, i = 1, \cdots, m$，则其收敛域为 $\mathrm{Re}(s) > \max(z_i)$。两个不同信号的拉普拉斯变换有可能具有相同的数学形式，然而这时候它们的收敛域并不相同。

MATLAB 的符号数学工具箱中有 "laplace( )" 函数来实现符号表达式 $f(t)$ 的单边拉普拉斯变换，其调用格式为：

    L=laplace(f)

假设：

$$x(t) \overset{\mathrm{LT}}{\longleftrightarrow} X(s), \quad \mathrm{ROC}: R$$
$$x_1(t) \overset{\mathrm{LT}}{\longleftrightarrow} X_1(s), \quad \mathrm{ROC}: R_1$$
$$x_2(t) \overset{\mathrm{LT}}{\longleftrightarrow} X_2(s), \quad \mathrm{ROC}: R_2$$

在以上假定条件的基础上，拉普拉斯变换的性质如表 3-3 所示。

表 3-3　拉普拉斯变换的性质

性　质	时　域	复　频　域
线性	$ax_1(t) + bx_2(t)$	$aX_1(s) + bX_2(s)$，ROC: 包括 $R_1 \cap R_2$
时域平移	$x(t - t_0)$	$\mathrm{e}^{-st_0}X(s)$，ROC: R

续表

性　质	时　域	复　频　域
s 域平移	$e^{s_0 t} x(t)$	$X(s-s_0)$ ，ROC: $R + \mathrm{Re}\{s_0\}$
尺度变换	$x(\alpha t)$	$\dfrac{1}{|\alpha|} X\left(\dfrac{s}{\alpha}\right)$ ，ROC: αR
共轭	$x*(t)$	$X*(s*)$ ，ROC: R
卷积性质	$x_1(t)*x_2(t)$	$X_1(s)X_2(s)$ ，ROC: $R_1 \bigcap R_2$
时域微分	$\dfrac{\mathrm{d}x(t)}{\mathrm{d}t}$	$sX(s)$ ，ROC: R
s 域微分	$-tx(t)$	$\dfrac{\mathrm{d}X(s)}{\mathrm{d}s}$ ，ROC: R

3.3.2　仿真案例

案例 3.3.1　对于信号 $x(t)=\cos(2t)u(t)$，利用 MATLAB 软件求解 $x(t)$ 和 $x(t-1)$ 的拉普拉斯变换。

案例分析：从理论上可以计算所给信号的拉普拉斯变换。

$$X(s) = \int_0^\infty x(t)e^{-st}\mathrm{d}t = \int_0^\infty \cos(2t)e^{-st}\mathrm{d}t$$

$$= \frac{1}{2}\int_0^\infty e^{-st}\mathrm{d}(\sin(2t))$$

$$= \frac{1}{2}\left[e^{-st}\sin(2t)\Big|_0^\infty - \int_0^\infty \sin(2t)\mathrm{d}(e^{-st}) \right]$$

$$= -\frac{s}{4}\int_0^\infty e^{-st}\mathrm{d}(\cos(2t))$$

$$= -\frac{s}{4}\left[e^{-st}\cos(2t)\Big|_0^\infty - \int_0^\infty \cos(2t)\mathrm{d}(e^{-st}) \right]$$

$$= \frac{s}{4} - \frac{s^2}{4}\int_0^\infty \cos(2t)e^{-st}\mathrm{d}t$$

即

$$X(s) = \frac{s}{4} - \frac{s^2}{4}X(s)$$

得到：

$$x(t) = \cos(2t) \leftrightarrow X(s) = \frac{s}{s^2+4}$$

结合表 3-3 中的时间移位性质，可以得到：

$$x_1(t) = \cos[2(t-1)] \leftrightarrow X_1(s) = \frac{s}{s^2+4}e^{-s}$$

利用 MATLAB 软件提供的符号变量，也可以得到与上面推导一致的结果。如果要采用图形方法直观表示出拉普拉斯变换的结果，需要在整个收敛域内对 s 赋值，并绘图，绘图时需要注意这里的 s 是复变量，并且，在一般情况下我们也无法画出全部满足条件的 s，只能在一定的区域内来观察。因此，在拉普拉斯变换中，更多的是从变换式上来分析拉普拉斯变换的性质，而不是从变换后的图形表示上分析。

参考代码:

```
%%%%%%%%%%%%%%%%%%%%%%%%%%%%%%%%%%%%%
syms t;                    %%%  定义符号变量
x=cos(2*t);                %%%  信号表达式
X=laplace(x);              %%%  调用 MATLAB 函数对 x 做拉普拉斯变换
x1=cos(2*(t-1));           %%%  信号 x1 表达式
X1=laplace(x1);            %%%  对 x1 做拉普拉斯变换
```

结果:

X = s/(s^2 + 4)

X1 = (2*sin(2) + s*cos(2))/(s^2 + 4)

案例 3.3.2 求解 $X(s) = \dfrac{5(s+2)(s+5)}{s(s+1)(s+3)}$ 的拉普拉斯逆变换。

案例分析:对于类似于本案例这样以 s 为自变量的式子,通常采用将 $X(s)$ 写成部分分式展开式,得到多个低阶多项式的和的形式,这样每个分式就可以很方便地得到其逆变换。

$$X(s) = \frac{K_1}{s} + \frac{K_2}{s+1} + \frac{K_3}{s+3}$$

分别求 K_1、K_2 和 K_3

$$K_1 = sX(s)\Big|_{s=0} = \frac{5 \times 2 \times 5}{1 \times 3} = \frac{50}{3}$$

$$K_2 = (s+1)X(s)\Big|_{s=-1} = \frac{5 \times 1 \times 4}{-1 \times 2} = -10$$

$$K_3 = (s+3)X(s)\Big|_{s=-3} = \frac{5 \times (-1) \times 2}{(-3) \times (-2)} = -\frac{5}{3}$$

所以有

$$X(s) = \frac{50}{3s} - \frac{10}{s+1} - \frac{5}{3(s+3)}$$

$$x(t) = \frac{50}{3} - 10e^{-t} - \frac{5}{3}e^{-3t}$$

直接利用 MATLAB 软件可以实现对 $X(s)$ 的拉普拉斯逆变换。这里,我们也给出几个常用的拉普拉斯变换对,以简化信号和系统的分析。

$$u(t) \overset{LT}{\longleftrightarrow} \frac{1}{s}$$

$$e^{-\alpha t}u(t) \overset{LT}{\longleftrightarrow} \frac{1}{s+\alpha} \quad \text{ROC: } \mathrm{Re}(s) > \alpha$$

$$-e^{-\alpha t}u(-t) \overset{LT}{\longleftrightarrow} \frac{1}{s+\alpha} \quad \text{ROC: } \mathrm{Re}(s) < -\alpha$$

上面两式的拉氏变换有相同的表达形式,但收敛域不同,为更直观地表示两者的区别,我们给出两者的变换域的图形表示。如图 3-28 所示的左图对应信号 $e^{-\alpha t}u(t)$ 的拉氏变换,右图对应 $-e^{-\alpha t}u(-t)$ 的拉氏变换。

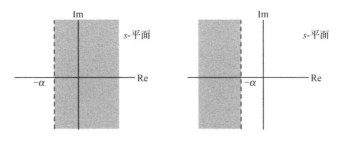

图 3-28 指数函数的收敛域对比

另外，还有一些常用的变换式，也可以用于部分分式展开方法，来简化对拉普拉斯变换的理解和分析。

$$e^{-(a+jb)t}u(t) \xleftrightarrow{\ LT\ } \frac{1}{s+(a+jb)}, \quad Re\{s\} > -a$$

$$\cos(\omega t)u(t) \xleftrightarrow{\ LT\ } \frac{s}{s^2+\omega^2}, \quad Re\{s\} > 0$$

$$\sin(\omega t)u(t) \xleftrightarrow{\ LT\ } \frac{\omega}{s^2+\omega^2}, \quad Re\{s\} > 0$$

在案例 3.3.1 中已经给出了对上面的信号 $\cos(2t)$ 的拉普拉斯变换的推导过程，该推导基于积分运算来实现，这里我们给出该类信号一般形式 $\cos(\omega t)u(t)$ 的基于性质的另一种推导过程。

根据欧拉公式，有

$$x(t) = \left[\frac{1}{2}e^{j\omega t} + \frac{1}{2}e^{-j\omega t}\right]u(t)$$

对上式的第一项做拉普拉斯变换

$$X_1(s) = \int_{-\infty}^{+\infty} e^{j\omega t}u(t)e^{-st}dt = \int_0^{+\infty} e^{-(s-j\omega)t}dt$$

$$= -\frac{1}{s-j\omega}e^{-(s-j\omega)t}\Big|_0^{+\infty} = -\frac{1}{s-j\omega}e^{-(s-j\omega)\lim_{t\to\infty}t} + \frac{1}{s-j\omega}$$

即

$$e^{j\omega t}u(t) \xleftrightarrow{\ LT\ } \frac{1}{s-j\omega}, \quad Re\{s\} > 0$$

同理有

$$e^{-j\omega t}u(t) \xleftrightarrow{\ LT\ } \frac{1}{s+j\omega}, \quad Re\{s\} > 0$$

这样就可以得到 $\cos(\omega t)u(t)$ 的拉普拉斯变换为

$$(\cos\omega t)u(t) \xleftrightarrow{\ LT\ } \frac{s}{s^2+\omega^2}, \quad Re\{s\} > 0$$

以上给出的拉普拉斯变换对，可以很方便地应用于复杂信号的拉普拉斯变换，尤其是在采用部分分式展开方法进行拉普拉斯变换时。

在实际应用中，一般信号的逆拉普拉斯变换的求解非常困难，在本案例中，我们仍然采用了符号变量来进行逆拉普拉斯变换。

参考代码：

```
%%%%%%%%%%%%%%%%%%%%%%%%%%%%%%%%%%
syms s;                              %%%%  定义符号变量
X=5*(s+2)*(s+5)/(s*(s+1)*(s+3));     %%%%  信号表达式
x=ilaplace(X)                        %%%%  逆拉普拉斯变换
```

代码运行的结果:

```
x =50/3 - (5*exp(-3*t))/3 - 10*exp(-t)
```

程序输出结果与部分分式展开方法得到的结果是一致的。

案例 3.3.3 绘出 $X(s)=\dfrac{8s^2+3s-21}{s^3-7s-6}$ 的极点-零点图。

案例分析:前面已经介绍了极点-零点图的绘制方法。要绘制极点-零点图,首先对 $X(s)$ 的分子和分母多项式分别计算等于 0 的 s 值,这一步可以将 $X(s)$ 的分子和分母多项式系数构造为向量形式,然后利用 MATLAB 中的"roots( )"函数通过解方程的方法来计算零点、极点,最后利用第 1 章介绍的 MATLAB 绘图功能绘制极点-零点图。

在本案例中,我们将利用对分子和分母部分的多项式解方程的方法来获取零点,然后在图中绘制以上的零点位置,其中分子解得的零点对应着所要求绘制的零点,而分母部分的零点则对应着所要求绘制的极点。

参考代码:

```
%%%%%%%%%%%%%%%%%%%%%%%%%%%%%%%%%%
A=[8 3 -21];                         %%%%  分子系数
B=[1 0 -7 -6];                       %%%%  分母系数
z=roots(A)                           %%%%  解得零点
p=roots(B)                           %%%%  解得极点
x=max(abs([z;p]));                   %%%%  得到的极零点的最大值(绝对值)
x=x+0.1;
y=x;
figure;                              %%%%  绘制极零点图
hold on;                             %%%%  使多次绘图同时保留
plot([-x x],[0 0],'--');             %%%%  绘制实轴（或 x 轴）
plot([0 0],[-y y],'--');             %%%%  绘制虚轴（或 y 轴）
plot(real(z),imag(z),'bo',real(p),imag(p),'kx');
xlabel('Real Part');ylabel('Imaginary Part');
axis([-x x -y y]);
```

结果:

```
z =
    -1.8185
     1.4435


p =
     3.0000
    -2.0000
    -1.0000
```

试验中解得两个零点、三个极点，它们的位置如图 3-29 所示。

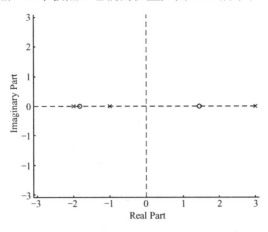

图 3-29　案例 3.3.3 的零极点图

这里我们给出一些与拉氏变换零极点以及收敛域有关的性质。

性质 1：$X(s)$ 的 ROC 在 s 平面内由平行于 $j\omega$ 轴的带状区域所组成。

性质 2：对有理拉普拉斯变换而言，ROC 内不包括任何极点。

性质 3：如果 $x(t)$ 是有限持续期，并且是绝对可积的，那么 ROC 就是整个 s 平面。

性质 4：如果 $x(t)$ 是右边信号，而且如果 $\mathrm{Re}(s)=\sigma_0$ 这条线位于 ROC 内，那么 $\mathrm{Re}(s)=\sigma_0$ 的全部 s 值都一定在 ROC 内。右边信号的 ROC 在右半平面。

性质 5：如果 $x(t)$ 是左边信号，而且如果 $\mathrm{Re}(s)=\sigma_0$ 这条线位于 ROC 内，那么 $\mathrm{Re}(s)<\sigma_0$ 的全部 s 值也一定在 ROC 内。左边信号的 ROC 在左半平面。

性质 6：如果 $x(t)$ 是双边信号，而且如果 $\mathrm{Re}(s)=\sigma_0$ 这条线位于 ROC 内，那么 ROC 就一定是由 s 平面的一条带状区域所组成，直线 $\mathrm{Re}(s)=\sigma_0$ 位于带中。

性质 7：如果 $x(t)$ 的拉普拉斯变换 $X(s)$ 是有理的，那么它的 ROC 是被极点所界定或延伸到无限远。另外，在 ROC 内不包含 $X(s)$ 的任何极点。

性质 8：如果 $x(t)$ 的拉普拉斯变换 $X(s)$ 是有理的，若 $x(t)$ 是右边信号，则其 ROC 在 s 平面上位于最右边极点的右边；若 $x(t)$ 是左边信号，则其 ROC 在 s 平面上位于最左边极点的左边。

案例 3.3.4　绘出 $x(t)=\mathrm{e}^{-2t}u(t)$ 的极点-零点图。

案例分析：直接利用计算拉普拉斯变换的公式可以计算所给信号在复频域的表示。利用 MATLAB 软件同样可以得到复频域的表示。

$$X(s)=\int_0^\infty x(t)\mathrm{e}^{-st}\mathrm{d}t=\int_0^\infty \mathrm{e}^{-2t}\mathrm{e}^{-st}\mathrm{d}t$$

$$=\int_0^\infty \mathrm{e}^{-(2+s)t}\mathrm{d}t$$

$$=-\frac{1}{2+s}\mathrm{e}^{-(2+s)t}\Big|_0^\infty$$

$$=\frac{1}{2+s}$$

参考代码：

```
%%%%%%%%%%%%%%%%%%%%%%%%%%%%%%%%%%%%%%%%
syms t;                         %%%    定义符号变量
x=exp(-2*t)*heaviside(t);       %%%    信号表达式
X=laplace(x);                   %%%    对信号做拉普拉斯变换
```

结果：

X = 1/(s + 2)

在得到信号的复频域的表达式的基础上，进一步可以利用解方程的方法得到零极点的位置，绘制零极点图，参考代码如下。

```
%%%%%%%%%%%%%%%%%%%%%%%%%%%%%%%%%%%%%%%%
A=[1];                          %%%    多项式分子
B=[1 2];                        %%%    多项式分母
z=roots(A)                      %%%    解得零点
p=roots(B)                      %%%    解得极点
x=max(abs([z;p]));              %%%    取零极点的最大值
x=x+0.1;
y=x;
figure;                         %%%    绘制零极点图
hold on;
plot([-x x],[0 0],'--');        %%%    绘制实轴
plot([0 0],[-y y],'--');        %%%    绘制虚轴
plot(real(z),imag(z),'bo',real(p),imag(p),'kx');
xlabel('Real Part');ylabel('Imaginary Part');
axis([-x x -y y]);
```

结果：

z =

　　空矩阵: 0×1

p =

　　-2

本案例中的信号在零极点图上不存在零点，只有一个极点-2。零极点图如图3-30所示，与案例3.3.3相比，尽管两者的零极点的数目不同，但从程序仿真的角度看，实现过程和代码都是类似的。

我们知道，在拉普拉斯变换中，收敛域是一个非常重要的问题，但在采用符号变量来计算信号的拉普拉斯变换时，没有表现出拉普拉斯变换有收敛域这一限制条件，实际上在分析中我们可以看到，在计算积分时，式

$$X(s) = -\frac{1}{2+s}\mathrm{e}^{-(2+s)t}\bigg|_0^\infty$$

需要满足 $2+\mathrm{Re}[s] = 2+\sigma > 0$（Re 代表实部）才会有意义，使得信号 $x(t) = \mathrm{e}^{-2t}u(t)$ 的拉普拉斯变换存在的收敛域为 $\sigma > -2$。在以上案例绘制零极点图的基础上，继续采用本案例的信号，

给出一种在 MATLAB 中描述信号的收敛域的图形方法。这里需要说明的是，与收敛域相对应的是无穷大，在计算机处理和图形描述中我们是无法准确描述无穷大的，因此我们尝试给出一种图形化的示意描述方法，而不是精确的定量描述方法。

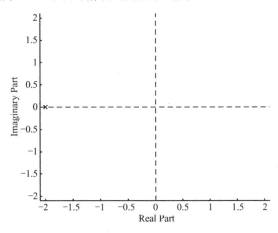

图 3-30　案例 3.3.4 的零极点图

在仿真中，我们采用了包含收敛区边界的一个区域，在收敛区域内，拉普拉斯变换有确定的值，在收敛区域外，由于仅采用了一个有限区域来计算拉普拉斯变换，我们也可以计算出该区域的值，在收敛区域边界的两侧，所得到的计算结果会有很大的差异。利用这种方法来直观显示出边界的存在，帮助读者加深对于拉普拉斯变换收敛域的理解。

在具体的仿真实现中，在收敛区域内，采用拉普拉斯变换的理论计算结果进行仿真，在收敛区域外，利用了计算拉普拉斯变换的定义式，在一个有限的区间范围 $t \in [0,50]$ s 内进行积分（代替定义式中在无穷区间上的积分）。

参考代码：

```
%%%%%%%%%%%%%%%%%%%%%%%%%%%%%%%%%%%%
length=100;                        %%%  定义仿真的长度
xs=zeros(length,length);           %%%  仿真区域初始化
delta_t=0.1;                       %%%  时间步长
for mm=1:length                    %%%  对仿真区域每一个点
    for nn=1:length
        delta_xs=0;                %%%  保存积分运算的中间结果
        s=(mm/10-5)+1j*(nn/10-5);  %%%  s 的取值范围为[-5-5i,5+5i]
        xs(mm,nn)=1./(s+2);        %%%  信号的拉普拉斯变换
        if mm<30                   %%%  相当于 sigma<-2 时
            for tt=0:delta_t:50
                delta_xs=delta_xs+exp(-(2+s)*tt);
                                   %%%  对 delta_xs 累加
            end
            xs(mm,nn)=delta_xs*delta_t;  %%%  对 xt 进行积分
        end
    end
end
```

```
xs=log10(abs(xs));                          %%%  对拉普拉斯变换结果取对数
figure;                                     %%%  绘制三维图形
mesh(1:length,1:length,xs);
set(gca,'xtick',[0 10 20 30 40 50 60 70 80 90 100]);
set(gca,'xticklabel',{'-5','-4','-3','-2','-1','0','1','2','3','4','5'});
set(gca,'ytick',[0 10 20 30 40 50 60 70 80 90 100]);
set(gca,'yticklabel',{'-5','-4','-3','-2','-1','0','1','2','3','4','5'});
xlabel('j\omega');ylabel('\sigma');zlabel('log10(X(s))');
```

运行结果如图 3-31 所示。

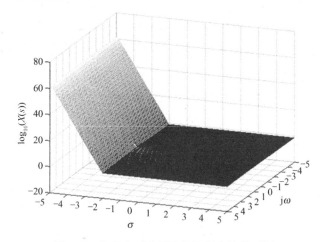

图 3-31　指数衰减信号拉普拉斯变换曲面图

当 $\sigma \leqslant -2$ 时，信号的拉普拉斯变换实际上是不存在的，仿真时，用 $x(t)$ 在一定范围内同 e^{-st} 的乘积的积分来代替 $X(s)$，表现出收敛区域内外的信号变化的差异，可以看出在收敛区域外，信号的拉普拉斯变换幅值急剧增加，如果积分区间是 $t \in [0, +\infty]$，则会得到无穷大的结果。该案例给出了信号拉普拉斯变换中的收敛域的一种示意描述。

在本案例的程序中，在绘图部分，采用了多个 set( ) 函数对所绘图形的属性进行设置，主要是为了使图形的各个坐标轴显示的信息与所验证的信号相对应，而不是按照数据的默认序号（1,2,3,…）来显示数据的，关于 set( ) 函数的应用可以参考 MATLAB 的帮助文档。

3.3.3　仿真练习

1. 试用 MATLAB 命令求下列函数的拉普拉斯变换。

（1）$f_1(t) = (t+1)e^{t+1}$　　　　　　　　　　（2）$f_2(t) = \sin(\pi t)e^{2t}$

2. 试用 MATLAB 命令求下列函数的拉普拉斯反变换。

（1）$F_1(s) = \dfrac{1}{3s+5}$　　　　　　　　　　（2）$F_2(s) = \dfrac{1}{2s^2+4}$

（3）$F_3(s) = \dfrac{1}{(s+1)(s+3)}$　　　　　　　（4）$F_4(s) = \dfrac{s+1}{s(s+2)(2s+5)}$

3.4 离散时间信号的 Z 变换

3.4.1 原理和方法

离散时间信号 $x(n)$ 的双边 Z 变换为 $X(z)$ 定义为:

$$X(z) = Z(x[n]) = \sum_{n=-\infty}^{\infty} x[n]z^{-n} \tag{3.4.1}$$

与拉普拉斯变换类似,除了双边 Z 变换之外,还存在单边 Z 变换:

$$X(z) = Z(x[n]) = \sum_{n=0}^{\infty} x[n]z^{-n} \tag{3.4.2}$$

显然,如果 $x[n]$ 为因果序列,则双边 Z 变换与单边 Z 变换是等同的。并且对于离散时间系统,非因果序列也有一定的应用范围,因此相对于拉普拉斯变换分析中主要讨论单边拉普拉斯变换而言,Z 变换中单边 Z 变换也是着重讨论的内容。

Z 变换与离散傅里叶变换之间的关系为:

$$X(e^{j\omega}) = X(z)\big|_{z=e^{j\omega}} \tag{3.4.3}$$

Z 变换的逆变换为:

$$x[n] = Z^{-1}(X(z)) = \frac{1}{2\pi j} \oint_C X(z)z^{n-1} dz \tag{3.4.4}$$

其中 C 为一个包围原点的逆时针闭环,完全在收敛域中。轮廓或路径 C 必须包围 $X(z)$ 所有的极点。

通常情况下,Z 变换的结果为有理函数,是关于复变量 z 的多项式比值。

$$H(z) = \frac{P(z)}{D(z)} = \frac{p_0 + p_1 z^{-1} + \cdots + p_M z^{-M}}{d_0 + d_1 z^{-1} + \cdots + d_N z^{-N}} \tag{3.4.5}$$

对于上式可以使用 MATLAB 中的 "tf2zp( )" 函数得到因式分解形式的传递函数。

$$H(z) = \frac{\sum_{i=0}^{M} p_k z^{-i}}{\sum_{i=0}^{N} d_k z^{-i}} = K \frac{\sum_{i=0}^{M}(1-\xi_i z^{-1})}{\sum_{i=0}^{N}(1-\lambda_i z^{-1})} = K \frac{(1-\xi_1 z^{-1})(1-\xi_2 z^{-1})\cdots(1-\xi_M z^{-1})}{(1-\lambda_1 z^{-1})(1-\lambda_2 z^{-1})\cdots(1-\lambda_N z^{-1})} \tag{3.4.6}$$

MATLAB 中也提供了计算离散时间信号单边 Z 变换的函数 "ztrans( )" 以及 Z 变换的逆变换函数 "iztrans( )",其调用格式为:

Z=ztrans(x)
x=iztrans(Z)

Z 变换与拉普拉斯变换类似,也存在收敛域的问题,对 Z 变换的研究和应用主要是在其对应的收敛域内,为下面的表述方便,设:

$$x[n] \xleftrightarrow{ZT} X(z), \text{ROC}:R;$$
$$x_1[n] \xleftrightarrow{ZT} X_1(z), \text{ROC}:R_1;$$
$$x_2[n] \xleftrightarrow{ZT} X_2(z), \text{ROC}:R_2$$

Z 变换的一些常用性质如表 3-4 所示。

表 3-4　Z 变换的性质

性　　质	时　　域	频　　域
线性	$ax_1[n]+bx_2[n]$	$aX_1(z)+bX_2(z)$　ROC: $R_1 \cap R_2$
时域平移	$x[n-n_0]$	$z^{-n_0}X(z)$，ROC: R
尺度变换	$z_0^n x[n]$	$X(z/z_0)$，ROC: $|z_0|R$
时域反转	$x[-n]$	$X(1/z)$，ROC: $1/R$
时域扩展	$x_{(k)}[n]=\begin{cases}x[n/k], n=mk \\ 0 \quad , n \neq mk\end{cases}$	$X(z^k)$，ROC: $R^{1/k}$
序列卷积	$x_1[n]*x_2[n]$	$X_1(z) \cdot X_2(z)$，ROC: $R_1 \cap R_2$
初值定理	若 $x[n]=0$，$n<0$，并且 $X(z)$ 的分子阶数小于或等于分母阶数	$x[0]=\lim\limits_{z \to \infty} X(z)$
终值定理	若 $x[n] \leftrightarrow X(z)$ 的收敛域为 $(1, \infty)$，并且 $(z-1)X(z)$ 的收敛域为 $[1,\infty)$	$x[\infty]=\lim\limits_{z \to 1}(z-1)X(z)$

3.4.2　仿真案例

案例 3.4.1　利用 MATLAB 软件求解 $x[n]=n^4 u[n]$ 的 Z 变换，并对软件给出结果与根据 Z 变换定义式计算结果进行对比分析。

案例分析：首先根据 Z 变换的计算公式，可以得到对 $x_1[n]=nu[n]$ 的 Z 变换为：

$$X_1(z)=\sum_{n=0}^{\infty} nz^{-n}=\frac{1}{z^1}+\frac{2}{z^2}+\frac{3}{z^3}+\cdots+\frac{n}{z^n}+\cdots$$

$$zX_1(z)=\frac{1}{z^0}+\frac{2}{z^1}+\frac{3}{z^2}+\cdots+\frac{n}{z^{n-1}}+\cdots$$

$$zX_1(z)-X_1(z)=\lim_{n \to \infty}\left(\frac{1}{z^0}+\frac{1}{z^1}+\frac{1}{z^2}+\cdots+\frac{1}{z^n}-\frac{n}{z^n}\right)$$

$$=\lim_{n \to \infty}\left(\frac{z-z^{1-n}}{z-1}-\frac{n}{z^n}\right)$$

$$=\frac{z}{z-1}$$

$$X_1(z)=\frac{z}{(z-1)^2}$$

设 $x_2[n]=nx_1[n]=n^2 u[n]$，则根据 Z 变换的性质可以得到 $x_2[n]$ 的 Z 变换：

$$X_2(z)=-z\frac{\mathrm{d}}{\mathrm{d}z}X_1(z)=-z\frac{\mathrm{d}}{\mathrm{d}z}\frac{z}{(z-1)^2}=\frac{z(z+1)}{(z-1)^3}$$

同理可得 $x_3[n]=nx_2[n]=n^3 u[n]$ 的 Z 变换为 $X_3(z)=\dfrac{z^3+4z^2+1}{(z-1)^4}$，那么 $x[n]=n^4 u[n]$ 的 Z 变换具有下面的形式：

$$X_4(z) = -z\frac{\mathrm{d}}{\mathrm{d}z}X_3(z) = -z\frac{\mathrm{d}}{\mathrm{d}z}\frac{z^3 + 4z^2 + 1}{(z-1)^4} = \frac{z^4 + 11z^3 + 11z^2 + z}{(z-1)^5}$$

结合上面的案例分析，可以给出本案例的参考代码：

```
syms n;                    %%%  定义符号变量
x=n^4;                     %%%  信号表达式
X=ztrans(x);               %%%  调用 MATLAB 函数进行 Z 变换
```

结果：

```
X =(z^4 + 11*z^3 + 11*z^2 + z)/(z - 1)^5
```

可见 MATLAB 仿真结果与理论计算结果一致。

根据上式，我们可以利用 MATLAB 仿真和观察信号 Z 变换后的图形，以及所对应的收敛域，这里要注意的是 Z 变换中的 z 也是一个复变量，在仿真中注意变量的步进或遍历既有实部的变化，也有虚部的变换，需要利用二维变量来仿真。

案例 3.4.2　利用 MATLAB 实现信号 $x[n] = 3^n$ 的 Z 变换。

案例分析：所给信号的 Z 变换可以直接利用 Z 变换的公式来计算，计算中涉及 $n \to \infty$ 的问题，需要利用极限的运算，同时也涉及了信号的收敛问题，在满足信号收敛的情况下，有以下的推导过程。

$$\begin{aligned}
X(z) &= \sum_{n=0}^{\infty} x[n]z^{-n} = \sum_{n=0}^{\infty} 3^n z^{-n} \\
&= 1 + \frac{3^1}{z^1} + \frac{3^2}{z^2} + \cdots + \frac{3^n}{z^n} + \cdots \\
&= \lim_{n \to \infty} \frac{1 - (3/z)^n}{1 - 3/z} \\
&= \frac{z}{z-3}
\end{aligned}$$

上式中信号需要满足的收敛条件为 $\left|\frac{3}{z}\right| < 1$。

参考代码：

```
syms n;                         %%%  定义符号变量
x = 3^n                         %%%  信号表达式
X=ztrans(x);                    %%%  调用 MATLAB 函数进行 Z 变换
```

结果：

```
X =z/(z - 3)
```

可见仿真结果与计算结果相同。这里需要注意的是，利用 MATLAB 的符号运算可以得到 Z 变换的数学表达式，但这种表达式并没有给出收敛区域，这是有缺陷的，因为无论是 Z 变换还是拉普拉斯变换，收敛域都起着重要的作用，即使信号有相同的 Z 变换或拉普拉斯变换的数学形式，如果收敛域不同，所对应的信号也不同。所以在研究 Z 变换时，收敛域是不能忽视的。

案例 3.4.3 求解 $X(z) = \dfrac{z(2z-1)}{(z-1)(z+0.5)}$ 的 Z 逆变换。

案例分析： $X(z)$ 包含一阶极点 $z_1 = 1$，$z_2 = -0.5$，得到展开式

$$\frac{X(z)}{z} = \frac{A_1}{z-1} + \frac{A_2}{z+0.5}$$

式中：

$$A_1 = \left[\frac{X(z)}{z}(z-1) \right]\Bigg|_{z=1} = \frac{2}{3}$$

$$A_2 = \left[\frac{X(z)}{z}(z+0.5) \right]\Bigg|_{z=-0.5} = \frac{4}{3}$$

因此 $X(z)$ 可展开为：

$$X(z) = \frac{2z}{3(z-1)} + \frac{4z}{3(z+0.5)}$$

利用基本的 Z 变换对之间的关系，可得到所给信号的逆 Z 变换的数学表达式为：

$$x[n] = \left(\frac{2}{3} + \frac{4}{3}\left(-\frac{1}{2}\right)^n \right)u[n]$$

用 MATLAB 的符号运算实现所给信号的逆 Z 变换，参考代码如下。

```
syms z;                              %%%%   定义符号变量
X = z*(2*z-1)/((z-1)*(z+0.5));       %%%%   信号表达式
x=iztrans(X);                        %%%%   调用 MATLAB 函数进行逆 Z 变换
```

结果：

```
x= (4*(-1/2)^n)/3 + 2/3
```

可见仿真结果与计算结果相同。这里需要注意，逆变换所给出的信号的数学表达式与理论推导是一致，但也没有给出信号的作用范围（定义域），也就是在理论推导中的信号的作用范围 $n \geq 0$。

案例 3.4.4 绘出 $H(z) = \dfrac{1 - 0.1z^{-1} - 0.3z^{-2} - 0.3z^{-3} - 0.2z^{-4}}{1 + 0.1z^{-1} + 0.2z^{-2} + 0.2z^{-3} + 0.5z^{-4}}$ 的极点-零点图。

案例分析： Z 变换的极点-零点图可以直接调用 MATLAB 软件提供的绘制零极点图的函数 "zplane( )" 来绘制。在本案例中所给出的 $H(z)$ 的形式与前面的实验不同，前面的 z 都是正的幂次，本案例给出的形式中为负的幂次，但本质上是一致的，对本案例的 $H(z)$ 进行适当变形，将分子和分母同时乘以 z^4 我们得到：

$$H(z) = \frac{z^4 - 0.1z^3 - 0.3z^2 - 0.3z - 0.2}{z^4 + 0.1z^3 + 0.2z^2 + 0.2z + 0.5}$$

另外，MATLAB 提供了用于计算零点和极点的函数 tf2zp( )，实际上，该函数也可以用于计算拉普拉斯变换的零极点，我们在拉普拉斯变换的章节没有调用该函数，而是利用了解方程的函数，实现的方法不同，但本质上是一样的，通过本书提供的案例参考程序，为读者以后从事仿真验证工作提供尽可能多的思路和方法。

通过利用 MATLAB 提供的函数，可以很方便地得到仿真结果。

参考代码：

```
num=[1 -0.1 -0.3 -0.3 -0.2];          %%%% 分子系数
den=[1 0.1 0.2 0.2 0.5];              %%%% 分母系数
[z,p,K]=tf2zp(num,den);              %%%% 调用 MATLAB 函数计算零极点
zplane(z,p);                         %%%% 在 Z 平面绘制零极点图
```

程序运行结果：

```
z =
     0.9615
    -0.5730
    -0.1443 + 0.5850i
    -0.1443 - 0.5850i
p =
     0.5276 + 0.6997i
     0.5276 - 0.6997i
    -0.5776 + 0.5635i
    -0.5776 - 0.5635i
K =
     1
```

仿真得到的零极点图如图 3-32 所示，可以从图中直接看到四个零点和四个极点的位置分布。与拉普拉斯变换的零极点图相似，Z 变换的零极点图将用于系统的稳定性判断等。

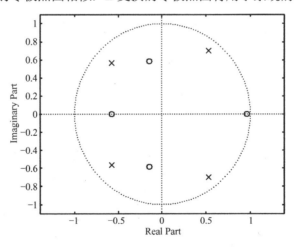

图 3-32 Z 变换的零极点图

拉普拉斯变换与 Z 变换都涉及了收敛域，以图 3-33 为例，对拉普拉斯变换和 Z 变换的关系进行说明如下。

拉普拉斯变换中的 $s = \sigma + j\omega$ 和 Z 变换中的 $z = re^{j\theta}$ 实际上是表示复数平面的两种坐标系，分别为直角坐标系和极坐标系。两者之间具体的对应关系如下。

（1）s 平面上的实轴（$\omega = 0$）对应于 z 平面上的正实轴（$\theta = 0$）。

（2）s 平面上的虚轴（$\sigma = 0$）对应于 z 平面上的单位圆。

（3）s 右半平面（$\sigma > 0$）对应于 z 平面上单位圆外的区域。

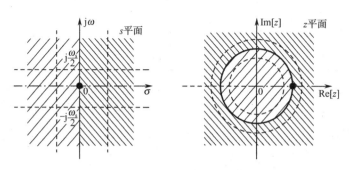

图 3-33 s 平面与 z 平面收敛域关系

（4） s 左半平面（ $\sigma < 0$ ）对应于 z 平面上单位圆内的区域。

（5）当 $\omega = jk\omega_s / 2$ ，（ $k = \pm 1, \pm 3, \cdots$ ）时，相应的在 s 平面上平行于实轴的直线对应于 z 平面的负实轴。

（6） s 平面上 ω 沿虚轴每变化 ω_s ，则 z 平面上 θ 沿单位圆转一圈。

上述 s 平面与 z 平面的对应关系是一种数学上的关系，在物理意义上是有明确区别的，但可以利用数学上的关系，借鉴已有的研究结果去指导另一者的研究。

3.4.3 仿真练习

试用 MATLAB 画出下列因果系统的系统函数零极点分布图，并判断系统的稳定性。

（1） $H_1(z) = \dfrac{2z^2 + 2z - 1}{z^3 - 3z^2 + z - 4}$

（2） $H_2(z) = \dfrac{z + 1}{z^4 - 2z^3 - 6z^2 + 3z}$

第4章 线性时不变系统

信号与系统课程所研究的系统主要指线性时不变系统，现实生活中的很多物理过程都可以看作一个线性时不变系统。由于线性时不变系统具有一些很重要的性质，如叠加性、奇次性等。如果将线性时不变系统的输入用一组基本信号的线性组合来表示，就可以根据该系统对这些基本信号的响应，利用叠加性质求得整个系统的输出。通过数学推导，可以知道，线性时不变系统的输入和输出之间的关系在时间域上可以表示为卷积运算关系。根据前面的信号变换（傅里叶变换、拉普拉斯变换和 Z 变换）的性质，我们知道时间域上的卷积相当于在频域和复频域上的相乘，本章将对离散时间信号的卷积、连续时间信号的卷积、系统的响应等内容进行说明，通过这些仿真验证，加深对线性时不变系统的理解。

首先我们给出线性时不变系统的一些概念。对于一个系统，我们首先假定其输入和输出分别为 x 和 y，则系统可以用符号表示为：

$$x(t) \longrightarrow y(t)$$
$$x[n] \longrightarrow y[n]$$

系统包括了连续时间系统和离散时间系统，这里的说明我们仅以连续时间系统为例。系统的基本属性包括了记忆性（有记忆系统和无记忆系统）、因果性（因果系统和非因果系统）、稳定性（稳定系统和不稳定系统）、时不变性（时变系统和时不变系统）和线性（线性系统和非线性系统），这里仅对线性时不变系统进行详细说明。

系统特性不随时间发生改变的系统为时不变系统，时不变系统可以描述为：

$$\text{若 } x(t) \longrightarrow y(t)，\text{则有 } x(t-t_0) \longrightarrow y(t-t_0)$$

对于时不变系统的判断：对于任意输入信号 $x_1(t)$，其输出为 $y_1(t)$，通过对 $x_1(t)$ 进行时移，得到输入 $x_2(t) = x_1(t-t_0)$，此时系统的输出为 $y_2(t)$。若 $y_2(t) = y_1(t-t_0)$，则该系统为时不变系统，否则，该系统为时变系统。

线性系统是指满足齐次性和叠加性的系统，线性系统可以描述为：

$$\text{若 } x_1(t) \longrightarrow y_1(t)，x_2(t) \longrightarrow y_2(t)，\text{且 } a \text{ 为任意常数，}$$
$$\text{则有 } x_1(t) + x_2(t) \longrightarrow y_1(t) + y_2(t) \text{ 和 } ax_1(t) \longrightarrow ay_1(t)$$

线性系统的判断：对于任意的输入信号 $x_1(t)$ 和 $x_2(t)$，对应的输出为 $y_1(t)$ 和 $y_2(t)$，则对于输入信号 $x_3(t) = ax_1(t) + bx_2(t)$，若输出 $y_3(t) = ay_1(t) + by_2(t)$，则该系统为线性系统，否则为非线性系统。

同时满足线性和时不变性的系统为线性时不变系统（即 LTI 系统），LTI 系统的性质可以用以下的框图简单描述。对于离散系统也有类似的表示方法。

线性时不变性是信号与系统课程中对系统开展研究的一个基本前提，在本章，我们对系统的其他一些性质仅从概念上做简单的说明。

1. 因果系统和非因果系统

在现实的物理世界中，任何一件事都有时间的起点，不存在没有时间起点的事件。对于信号而言，如果知道了信号的起始时间，当时间为起始时间之前的值时，信号取值为 0，那么就可以称该信号为因果信号。

对于整个系统而言，也有着因果系统和非因果系统之分。就因果系统而言，其系统响应出现时，系统激励必须到达，即响应的出现时间必须在激励的到达时间之后。而在实际生活和实际应用中，几乎所有的系统都是因果系统。实际的系统必须满足现实的时间逻辑性，事情的结果不能在事情的起因之前。也就是说，非因果系统不存在于现实生活中，是不可实现的，它只是存在于理论分析的推理情形中，在理论分析中存在价值。

2. 稳定系统和非稳定系统

稳定系统主要指的是能量的有限性，我们知道，任何系统都是伴随着能量的变化的。对于系统的激励部分，如果其能量是有限的，那么经过该系统后，其响应能量也是有限的。像这样，满足系统输入能量有限，输出能量有限，那么该系统就具备稳定性，则称该系统为稳定系统。其实，在现实中，所有系统也都是稳定的，只要在现实中，系统的能量都会受到限制，遵循能量守恒定律，它的能量不可能达到无穷大。尽管系统总体上来说是稳定的，但在局部上来说，还是会出现不稳定的情况，这是在长期的实践生活中得出的结论。比如收音机中就常常出现这种系统不稳定的情况，"啸叫"就是其典型的代表，而一旦切除收音机的供电，"啸叫"不再存在，这属于在有限长时间内对系统的局部范围观察到的现象。若想让它正常工作，那么该现象必须想办法解决。如果一个系统因为稳定性问题无法正常工作，也就难以提供人们想要的功能了。因为现实中这种情况是真正存在的，那么研究不稳定性就是非常必要的了，研究现实中不稳定性出现和消除等问题，具有十分重要的意义。

3. 有记忆系统和无记忆系统

判断系统到底有无记忆性与响应和激励的时间有着密切的关系，如果系统的响应仅和当前时间上的激励有联系，那么系统就具备无记忆性。无记忆性强调的是"现在"，不考虑过去所发生的所有事情。而有记忆系统恰恰相反，系统的响应不仅要考虑当前，还要考虑过去，即当前和过去的激励或响应都会决定着现在的激励。而本课程中出现的连续时间系统中的常微分方程（即求解单位冲激响应和单位阶跃响应）和离散时间系统中的差分方程（即求解单位冲激响应），都是有记忆的，这从方程的式子上可以看出来，过去时间的事件在影响着当前时间的事件。而如果一个系统中没有电容、电感等能够存储能量的组件，只有电阻之类的组件，那么对于该连续时间系统而言，该系统是无记忆的，无法与过去时间的激励响应相联系。在现实应用中，有记忆系统往往占绝大部分。

对 LTI 系统的描述，有很多不同的角度和方法，在本章，我们仅从离散时间卷积、连续时间卷积和 LTI 系统频率响应三个方面来讨论和理解线性时不变系统。

4.1 离散时间卷积

4.1.1 原理和方法

离散信号在前文中已经说明，离散时间卷积在描述信号之间的运算、信号特性分析和系统特性分析方面具有重要作用，这里对离散时间信号卷积的定义和实现进行说明。

1. 离散时间信号卷积定义

对于一个线性时不变系统，$x(t) \longrightarrow y(t)$，当输入信号为 $\delta(t)$ 时系统的输出 $h(t)$ 称为系统的冲激响应，对于离散时间系统也有类似的定义。冲激响应 $h(t)$ 和 $h[n]$ 可用于描述系统的特性。

假定有一个线性时不变系统，其输入信号为 $x[k]$，根据冲激信号的采样性质，那么该信号可以表示为加权、延迟的单位离散冲激信号之和的形式。

$$x[k] = \sum_{m=-\infty}^{\infty} x[m]\delta[k-m] \tag{4.1.1}$$

式中，$\delta[k] = \begin{cases} 1 & k = 0 \\ 0 & k \neq 0 \end{cases}$ 为离散单位冲激信号。

设系统的单位冲激信号 $\delta[k]$ 的响应为 $h[k]$，则根据系统的时不变特性可知，对于 $\delta[k-m]$ 的响应就是 $h[k-m]$；并且对于线性系统，$x[m]\delta[k-m]$ 的响应为 $x[m]h[k-m]$，最后根据叠加性得到系统对于序列 $x[k] = \sum_{m=-\infty}^{\infty} x[m]\delta[k-m]$ 的响应为：

$$y[k] = \sum_{m=-\infty}^{\infty} x[m]h[k-m] = \sum_{m=-\infty}^{\infty} h[m]x[k-m] \tag{4.1.2}$$

式中，$y[k]$ 为系统的响应或输出，实际上，该输出为系统的零状态响应。式（4.1.2）表明，对于已知信号和确定的 LTI 系统，可以根据该式计算系统的输出。式（4.1.2）也可记为：

$$y[k] = x[k] * h[k] \tag{4.1.3}$$

式（4.1.3）表明，对于一个线性时不变系统，其输出就等于系统的输入与系统的冲激响应的卷积。也就是说，只要知道了系统的冲激响应，我们就可以计算出任意输入下的系统输出。通过引入系统的冲激响应，把系统的输入和输出联系了起来。该式中的"*"符号表示卷积运算。

抛开系统，我们回到卷积运算本身，两个离散时间信号的卷积可按如下公式进行计算，得到卷积运算的结果。

$$f[k] = f_1[k] * f_2[k] = \sum_{m=-\infty}^{\infty} f_1[m]f_2[k-m] \tag{4.1.4}$$

如果两个序列都是因果的，即 $f_1[m] = f_1[m]u[m]$，$f_2[m] = f_2[m]u[m]$，那么有：

$$f[k] = f_1[k] * f_2[k] = \sum_{m=0}^{k} f_1[m]f_2[k-m] \tag{4.1.5}$$

因此离散时间信号的卷积也可被称作卷积和。

2．运算步骤

从几何的角度上看，离散时间信号卷积和的运算过程可以分解为以下四步。

（1）翻转

$$f_2[m] \rightarrow f_2[-m]$$

（2）平移

$$f_2[-m] \rightarrow f_2[k-m]$$

（3）相乘

$$f_1[m]f_2[k-m]$$

（4）求和

$$\sum_{m=-\infty}^{\infty} f_1[m]f_1[k-m]$$

3．卷积和的性质

卷积和与卷积积分有一些共同的性质，如交换律、分配律和结合律。除去这些一致的性质，卷积和还有一些独特的性质，这里一并简要说明。

（1）交换律

$$f_1[k] * f_2[k] = f_2[k] * f_1[k] \tag{4.1.6}$$

物理意义：串联的子系统可以任意交换位置，如以下的框图所示。

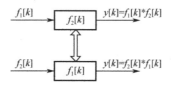

（2）分配律

$$f_1[k] * [f_2[k] + f_3[k]] = f_1[k] * f_2[k] + f_1[k] * f_3[k] \tag{4.2.7}$$

物理意义：冲激响应为 $f_2[k]$ 和 $f_3[k]$ 的两个系统并联，可等效为一个冲激响应为

$$f[k] = f_2[k] + f_3[k]$$

的系统，该性质的框图如下所示。

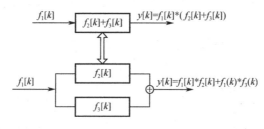

（3）结合律

$$f_1[k] * f_2[k] * f_3[k] = f_1[k] * [f_2[k] * f_3[k]] \tag{4.1.8}$$

物理意义：冲激响应为 $f_2[k]$ 和 $f_3[k]$ 的两个系统串联，可等效为一个冲激响应为

$$f[k] = f_2[k] * f_3[k]$$

的系统，结合律的框图如下。

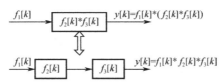

（4）差分

$$\nabla f_1[k] * f_2[k] = f_1[k] * \nabla f_2[k] = \nabla[f_1[k] * f_2[k]]$$

（5）与单位冲激信号的卷积和

$$f[k+m] * \delta[k] = f[k] * \delta[k+m] = f[k+m]$$
$$f[k+m] * \delta[k+n] = f[k+n] * \delta[k+m] = f[k+m+n]$$

4．基于 MATLAB 的卷积和实现

MATLAB 提供了计算线性卷积和的函数 conv( )，其语法格式为：

w = conv(u, v)

其中，u、v 分别为有限长的序列，w 是 u 和 v 的卷积结果序列。若 u 和 v 的序列长度分别为 m 和 n，那么序列 w 的长度为 m+n-1。与 conv( )函数类似的还有 conv2(A, B)函数，用于矩阵的卷积计算。在我们的案例中暂不涉及矩阵的卷积，有兴趣的读者可以参见 MATLAB 的帮助文档。这里仅给出 conv2( )函数的简要用法说明。

conv2( )函数的用法格式：

C=conv2(A, B)
C=conv2(Hcol, Hrow, A)
C=conv2(..., 'shape')

说明：对于 C = conv2(A, B)，conv2( )计算矩阵 A 和 B 的卷积，若[Ma, Na]＝size(A)，[Mb, Nb] = size(B)，则 size(C) = [Ma+Mb-1, Na+Nb-1]；C = conv2(Hcol, Hrow, A) 中，矩阵 A 分别与 Hcol 向量在列方向和 Hrow 向量在行方向上进行卷积；C=conv2(..., 'shape')用来指定 conv2( )返回二维卷积结果，参数 shape 可取值如下。

full 为默认值，返回二维卷积的全部结果。

same 返回二维卷积结果中与 A 大小相同的中间部分。

valid 返回在卷积过程中，未使用边缘补 0 部分进行计算的卷积结果部分，当 size(A)>size(B)时，size(C) = [Ma-Mb+1, Na-Nb+1]。

4.1.2 仿真案例

案例 4.1.1 利用数值计算方法编程计算两离散信号的卷积 $f[k] = f_1[k] * f_2[k]$ 的结果，其中 $f_1[k] = u[k] - u[k-15]$、$f_2[k] = u[k] - u[k-3]$，式中的阶跃函数 $u[k] = \begin{cases} 1 & k \geqslant 0 \\ 0 & k < 0 \end{cases}$。

案例分析：该案例所给出的两个信号均为有限长的离散序列，非零点长度分别为 15 和 3，这时离散信号卷积和公式中的无穷项就变成了有限项的求和，可以利用有限长序列直接做乘积和求和运算，下面我们给出的是一种利用阶跃信号表达式来表示的卷积和计算，最终得到的计算结果包含了阶跃信号和冲激信号。

$$f[k] = (u[k] - u[k-15]) * (u[k] - u[k-3])$$
$$= (u[k] - u[k-3]) * (u[k] - u[k-15])$$
$$= \sum_{m=-\infty}^{\infty} (u[m] - u[m-3])(u[k-m] - u[k-m-15])$$
$$= \sum_{m=0}^{2} (u[k-m] - u[k-m-15])$$
$$= (u[k] - u[k-15]) + (u[k-1] - u[k-16]) + (u[k-2] - u[k-17])$$
$$= (\delta[k] + \delta[k-1] + u[k-2] - u[k-15]) + (\delta[k-1] + u[k-2] - u[k-15] + \delta[k-15])$$
$$+ (u[k-2] - u[k-15] + \delta[k-15] + \delta[k-16])$$
$$= \delta[k] + 2\delta[k-1] + 3(u[k-2] - u[k-15]) + 2\delta[k-15] + \delta[k-16]$$

上式为理论计算的结果，在下面的仿真案例中，我们采用 MATLAB 提供的 conv( )函数来实现两个信号的卷积计算，并将仿真结果与理论计算结果对比。

参考代码：

```
%%%%%%%%%%%%%%%%%%%%%%%%%%%%%%%
k1=0:14;                         %%%  k1 的取值范围
f1=ones(1,15);                   %%%  序列 u(k)-u(k-15)
k2=0:2;                          %%%  k2 的取值范围
f2=ones(1,3);                    %%%  序列 u(k)-u(k-3)
k0=k1(1)+k2(1);                  %%%  卷积输出序列起点
k3=k1(end)+k2(end);             %%%  卷积输出序列终点
k=k0:k3;                         %%%  卷积结果的输出序列
f=conv(f1,f2);                   %%%  计算 f2 和 f2 的卷积
subplot(3,1,1)                   %%%  绘制 f1 的图像
stem(k1,f1);
axis([0,20,0,4]);title('f1([k])');
subplot(3,1,2)                   %%%  绘制 f2 的图像
stem(k2,f2);
axis([0,20,0,4]);title('f2([k])');
subplot(3,1,3)                   %%%  绘制卷积结果
stem(k,f);
axis([0,20,0,4]);title('f([k])');
```

该程序中直接调用了 MATLAB 的 conv( )函数进行两个信号的卷积计算，得到的结果如图 4-1 所示。可以看出两个非零长度分别为 15 和 3 的信号卷积后得到的长度为 17（非零值的长度），与前面关于卷积说明中的序列长度为 m+n-1 是一致的，另外从计算结果看，与前面的案例分析中的理论结果是一致的。仿真案例中采用了以下的代码来表示输出序列。

```
k0=k1(1)+k2(1);
k3=k1(end)+k2(end);
k=k0:k3;
```

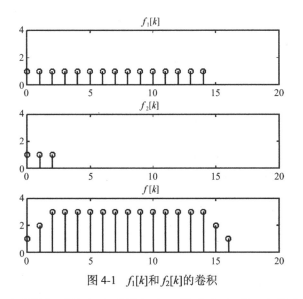

图 4-1 $f_1[k]$ 和 $f_2[k]$ 的卷积

以上三行分别表示了卷积后输出序列的起点、终点和序列。在前文的信号部分我们曾说过，离散信号的横坐标只是一个序列号，没有自己的量纲单位（如秒），只是表示了各个数据的先后顺序，结合后面的采样，我们可以进一步说明，每个数据所对应的时刻是可以通过数据在序列中的位置与采样间隔的乘积来表示的，因此在卷积处理中，所得到的计算结果需要与原数据有严格的时间对应关系，采用以上三行代码就是为了体现这种对应关系，如果不考虑其对应关系，我们直接采用以下的代码，程序同样可以准确运行并得到仿真结果。

k=1:length(k1)+length(k2)-1; 或者 k=0:length(k1)+length(k2)-2;

尽管上面给出的两句代码也可以得到仿真结果，但其中的含义是不同的，尤其是输入与输出间的对应关系就难以体现出来。在科研实践中很多的处理也的确是这样处理的，但从学习和仿真的角度看，这样处理难以揭示出卷积的一些本质问题。

为了明确表示出以上两种处理间的差异，我们修改一下信号 $f_2[k]$，重新仿真并对结果做比较。当 $f_2[k]=u[k-3]-u[k-5]$ 时的仿真结果如图 4-2 所示。

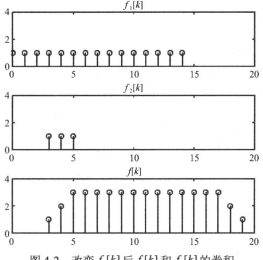

图 4-2 改变 $f_2[k]$ 后 $f_1[k]$ 和 $f_2[k]$ 的卷积

比较图 4-1 和图 4-2 的结果，可以看出，尽管两次仿真输出的序列在数值上是一致的，但从时间序列上看，其起始位置不同，实际系统的输出也是与时间有关系的。

案例 4.1.2 假设信号 $f_1[k]=5\sin[\pi k/4]$，$f_2[k]=[1,1,1,1,1]$。分别利用 MATLAB 的函数 conv( )和自己编写的程序计算以上两个信号的卷积，并比较两者结果的差异。

案例分析：该案例所给信号包含了周期信号，因此信号的非零数据长度为无限长。显然，无论是采用 MATLAB 的 conv( )函数还是采用前文的公式来计算，都无法实现无限长序列的卷积计算。实际上，不管信号是什么形式，我们处理的数据都是有限长的，在本案例的处理中，信号 $f_2[k]$ 的长度是有限的，也就是说，$f_2[k]$ 只与 $f_1[k]$ 中的部分点做运算。若我们仅截取周期信号的一段来处理，也可以观察到两个信号卷积结果的变化趋势和特点。通过本案例的仿真和分析，进一步巩固对于离散卷积和的掌握，同时对于周期信号的卷积结果的一些性质能够更深入理解。为了能够实现卷积和计算，我们首先对所给信号 $f_1[k]$ 取有限长度。

案例 4.1.2 参考代码：

```
%%%%%%%%%%%%%%%%%%%%%%%%%%%%%%%%%%%%%%%%%%
a. 利用 conv( )函数
length_N=20;                            %%%  信号 f1 长度
n1=1:length_N;
f1=5*sin(pi*n1/4);                      %%%  信号 f1（序列）
figure;
subplot(3,1,1)                          %%%  绘制信号 f1 的图像
stem(n1,f1);
xlabel('k');ylabel('f1[k]');
title('signal1');
axis([0 length_N+1 -6 6])
length_M=5;                             %%%  信号 f2 长度
n2=1: length_M;
f2=ones(1, length_M);                   %%%  信号 f2
subplot(3,1,2)
stem(n2,f2);                            %%%  绘制信号 f2 的图像
xlabel('k');ylabel('f2[k]');
title('signal2');
axis([0 length_M+1 -2 2]);
n_begin=n1(1)+n2(1)-1;                  %%%  卷积结果序列的起点
n_end= length_N+length_M-1;             %%%  卷积结果序列的终点
n=n_begin:n_end;                        %%%  卷积结果序列
fk=conv(f1,f2);                         %%%  计算卷积
subplot(3,1,3);                         %%%  绘制卷积结果图像
stem(n,fk);
xlabel('n');ylabel(' f[k]');
title('convolution of f1 and f2');
grid on;
```

运行程序，得到的卷积计算结果如图 4-3 所示。

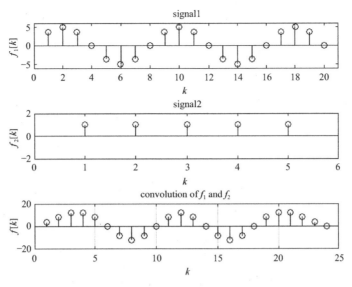

图 4-3　利用 conv( )函数计算 $f_1[k]$ 与 $f_2[k]$ 的卷积

以上是基于 MATLAB 提供的 conv( )函数进行离散卷积和计算的仿真案例，为了展现出程序实现卷积和的过程，下面我们采用自己编写的离散卷积和计算程序实现卷积计算。主程序的实现过程与上面的过程是一致的，只是所调用的函数为自定义的 convfunc( )函数，另外，在子函数实现的过程中，默认了两个输入序列的长度约束，这一部分也可以移到子程序中实现，不影响对卷积和的理解。

b. 编程实现

```
length_N=20;                              %%%   信号 f1 长度
n1=1:length_N;
f1=5*sin(pi*n1/4);                        %%%   信号 f1 序列
figure;
subplot(3,1,1)                            %%%   绘制信号 f1 的图像
stem(n1,f1);
xlabel('k');ylabel('f1[k]');
title('signal1');
axis([0 length_N+1 -6 6]);
length_M=5;                               %%%   信号 f2 长度
n2=1: length_M;
f2=ones(1, length_M);                     %%%   信号 f2 序列
subplot(3,1,2)
stem(n2,f2);                              %%%   绘制信号 f2 的图像
xlabel('k');ylabel('f2[k]');
title('signal2');
axis([0 length_M+1 -2 2]);
if (length_N> length_M)                   %%%   保证第一序列长度大于第二序列
    fk=convfunc(f1,f2);                   %%%   调用自写的子函数计算卷积
else
    fk=convfunc(f2,f1);                   %%%   调用自写的子函数计算卷积
```

```
        end
    n_begin=n1(1)+n2(1)-1;                          %%%  卷积结果序列起始
    n_end= length_N+length_M-1;                     %%%  卷积结果序列终止
    n=n_begin:n_end;                                %%%  卷积结果序列
    subplot(3,1,3);                                 %%%  绘制卷积结果
    stem(n,fk);
    xlabel('k');ylabel(' f[k]');
    title('convolution of f1 and f2');
    grid on


%%%%%%%%%%   function   %%%%%%%%%%%%%%%%%%%
function [ fk ] = convfunc( f1,f2 )
%%%% 计算离散信号 f1 和 f2 的卷积和，输入信号 f1 的长度不小于信号 f2 的长度
length_N=length(f1);                            %%%  f1 的长度
length_M=length(f2);                            %%%  f2 的长度
fk=zeros(0,length_N+length_M-1);                %%%  初始化输出结果
for k=1:length_N+length_M-1
    a=0;                                        %%%  保存卷积中间结果
    if(k<=length_N)
        for ii=1:k
            if(ii>length_M)
                break;                          %%%  跳出循环，保持 fk(k)=a;
            else
                fk(k)=a+f2(ii)*f1(k-ii+1);      %%%  对各项的和进行累加
                a=fk(k);                        %%%  累加结果暂存
            end
        end
    else
        for ii=1:k
            if(k-length_N+ii>length_M)
                break;                          %%%  跳出循环，保持 fk(k)=a;
            else
                fk(k)=a+f2(k-length_N+ii)*f1(length_N-ii+1);
                a=fk(k);                        %%%  累加结果暂存
            end
        end
    end
end
```

运行该程序，可以得到跟上面一致的仿真结果。运行结果如图 4-4 所示。

这里我们首先解释一下编写的子程序中的 break 语句的用法。与 break 的使用功能相似的还有 return 和 continue，它们在使用中的区别如下。

程序执行到 break 语句时，将跳出该层循环，执行到 continue 语句时直接进入该层循环的下一次迭代，执行到 return 语句时则直接退出程序或函数返回。下面以 for...end 循环为例：

```
        for it=1:10
            ……
```

```
break; %(continue); % return
    ......
end
......
figure;plot(...);
```

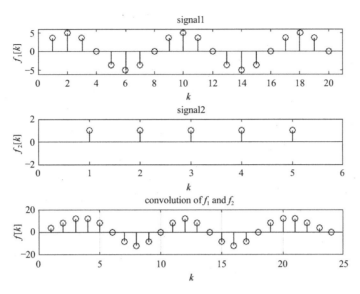

图4-4 编程实现 $f_1[k]$ 与 $f_2[k]$ 的卷积

当执行到 break 时，程序会跳出 for...end 循环，执行循环外面的程序（如 figure 句），当执行到 continue 时，程序会执行 it+1，然后继续执行所在的 for...end 循环，当执行到 return 时，则直接退出该程序，for...end 循环后面的 figure 等语句不会执行。

在上面的子程序 convfunc( ) 中使用了 break 语句，表示离散求和过程中，只对部分满足条件的项相加，执行完满足条件的项的求和后直接跳出该循环。

增加信号 $f_1[k]$ 的长度，我们可以得到卷积和计算结果如图 4-5 所示。

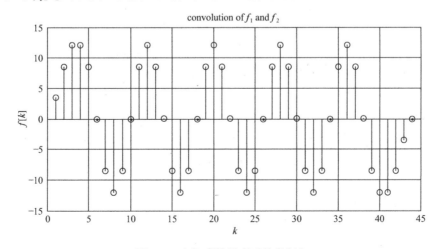

图4-5 改变 $f_1[k]$ 长度后的卷积和

从图 4-5 可以看出，卷积计算的结果在仿真时间内类似于周期信号，但仔细观察第一个"周期"和最后一个"周期"可以看出，与中间的输出信号有较大的差异，对于中间的输出信号更接近周期信号。这种开始和结束的差异是由于在做卷积时，求和项逐渐增加和减少，如图 4-6 所示的信号 $f_2[k]$ 位于信号 $f_1[k]$ 的左侧和右侧，只有当信号 $f_2[k]$ 完全移动到信号 $f_1[k]$ 里面时（图中 $f_2[k]$ 位于 $f_1[k]$ 的中间位置），信号的输出是完全卷积的结果，是周期性的。

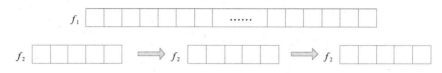

图 4-6　卷积和运算示意图

通过本案例可以看出，对于周期信号，尽管我们不能仿真无限长的信号的卷积计算，但通过一定长度序列的仿真计算，也可以分析信号卷积的特性。这里需要注意的是，在仿真中，卷积计算的开始阶段和结束阶段，不能非常准确地表示卷积结果的特性。

案例 4.1.3　改变案例 4.1.2 中的采样率，重新仿真案例 4.1.2，比较和分析不同的采样率对案例结果的影响。

案例分析：在上面的案例的基础上，当增加或减小采样的间隔，在保证满足采样定理的前提下，所表现出的信号性质不会有根本性的变化，但在具体的表现细节上会有一些差异，通过本案例的仿真，可以更深入地理解离散卷积。对于加密采样，我们暂不做过多考虑，因为在实际处理中，我们总是期望用尽可能少的数据来表征和处理信号。对于信号 $f_1[k]$，理论上的周期为 8，上面的案例中相当于采样周期为 1。在本案例中，我们把采样周期增加一倍，相当于抽取案例 4.1.2 数据的一半。这样处理后相邻采样的间隔为案例 4.1.2 间隔的两倍，在绘图时，横坐标需要注意这一间隔。

案例 4.1.3 参考代码：

```
%%%%%%%%%%%%%%%%%%%%%%%%%%%%%%%%%%%%%%%
length_N=20;                    %%%% 信号 f1 长度
n1=1:2:length_N;
f1=5*sin(pi*n1/4);              %%%% 信号 f1 序列
figure;
subplot(3,1,1)                  %%%% 绘制信号 f1
stem(n1,f1);
xlabel('k');ylabel('f1[k]');
title('signal1');
axis([0 length_N+1 -6 6])
length_M=6;                     %%%% 信号 f2 长度
n2=1:2:length_M;
f2=ones(1, length_M/2);         %%%% 信号 f2 序列
subplot(3,1,2)                  %%%% 绘制信号 f2
stem(n2,f2);
xlabel('k');ylabel('f2[k]');
title('signal2');
axis([0 length_M+1 -2 2]);
```

```
n_begin=n1(1)+n2(1)-1;              %%%  卷积结果的序列起始
n_end=n1(end)+n2(end)-1;            %%%  卷积结果的序列终止
n=n_begin:2:n_end;                 %%%  卷积结果对于序列号
fk=conv(f1,f2);                    %%%  计算卷积
subplot(3,1,3)
stem(n,fk);                        %%%  绘制卷积结果图形
xlabel('k');ylabel(' f[k]');
title('convolution of f1 and f2');
grid on;
```

本案例的仿真结果如图 4-7 所示。

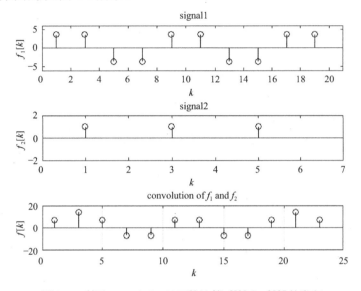

图 4-7 利用 convolution( )函数计算 $f_1[k]$ 和 $f_2[k]$ 的卷积

对比图 4-4 和图 4-7 可以看出，降低采样率会使离散信号的卷积和失去一部分信息，如 $n=8$ 处的峰值。其次，由于采样点的减少，卷积和的幅值也会相应降低。这些是从仿真结果上直接观察到的现象，这些现象对于信号处理是带来了好处还是坏处，以及带来影响的程度，则需要根据具体的应用来具体分析，如要利用卷积结果进行目标检测，那么需要分析这样处理后的信噪比会受到什么样的影响，进而对检测率及虚警率等会有什么影响，一般情况下，采样越密集，得到的采样数据越多，对于信号信息的保持越有利，但也会带来数据存储、传输和处理的压力，对于信号采样的问题，我们会专门设计相应的案例。

这里需要说明的是，在进行卷积运算时，信号本身的特点、采样率都是影响卷积结果的重要因素，另外数据长度也是一个影响因素，对上面的案例我们把信号 $f_2[k]$ 的长度修改为 length_M=8，为了更清楚地看到输出信号的变化，我们把信号 $f_1[k]$ 的长度增加为 length_N=20，输出结果如图 4-8 所示。

出现以上结果的原因请读者自己仿真和分析，总之在数字信号的处理中，有很多因素都会影响处理的结果，这就要求读者在学习过程中要注意理解处理的本质问题，这也是本书设计仿真案例的一个重要出发点，仿真中出现与我们的预期不一致的结果，正是我们深入理解相关理论知识和方法的重要契机。

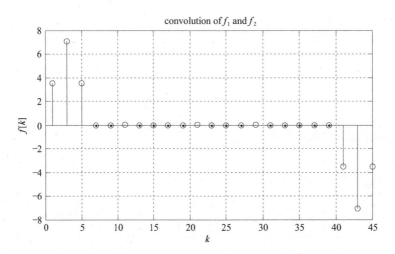

图 4-8　改变信号长度后的输出结果

4.1.3　仿真练习

试用 MATLAB 命令绘出以下两个离散信号的卷积积分并绘出结果。

$$f_1[n] = 2^n u[n]，\quad f_2[n] = u[n] - u[n-5]$$

4.2　连续时间卷积

4.2.1　原理和方法

对于线性时不变系统，系统在单位冲激信号 $\delta(t)$ 激励下产生的零状态响应称为冲激响应，符号表示为 $h(t)$；系统在单位阶跃信号 $u(t)$ 激励下产生的零状态响应称为阶跃响应，符号表示为 $g(t)$。由冲激信号的特性

$$x(t) = \int_{-\infty}^{\infty} x(\tau)\delta(t-\tau)\mathrm{d}\tau \tag{4.2.1}$$

其中 $x(t)$ 可为任意信号，当它作用到冲激响应为 $h(t)$ 的线性时不变系统时，系统的响应可以表示为：

$$y(t) = H[x(t)] = H\left[\int_{-\infty}^{\infty} x(\tau)\delta(t-\tau)\mathrm{d}\tau\right] = \int_{-\infty}^{\infty} x(\tau)H[\delta(t-\tau)]\mathrm{d}\tau$$

$$= \int_{-\infty}^{\infty} x(\tau)h(t-\tau)\mathrm{d}\tau \tag{4.2.2}$$

式（4.2.2）所表示的就是卷积积分，它是信号与系统时域分析的一个基本方法，其主要目的是计算系统的零状态响应。相对于传统分析中的解微分方程，卷积积分不需要系统初始值即可进行运算。

两个信号的卷积可按下式计算：

$$f(t) = f_1(t) * f_2(t) = \int_{-\infty}^{\infty} f_1(\tau)f_2(t-\tau)\mathrm{d}\tau \tag{4.2.3}$$

式中，积分的上、下限取的分别是 ∞ 和 $-\infty$，这是由于对 $f_1(t)$ 和 $f_2(t)$ 的作用时间范围没有加

以限制。实际上由于系统的因果性或激励信号存在时间的局限性，其积分限会有变化，卷积积分中积分限的确定是十分重要的问题。

将卷积代入上面所分析的线性时不变系统的响应。假定有一个线性零状态系统，其零状态响应为：

$$y_{zs}(t) = \int_0^t x(\tau)h(t-\tau)\mathrm{d}\tau = \int_0^t x(t-\tau)h(\tau)\mathrm{d}\tau \qquad (4.2.4)$$

式中，$h(t)$为单位冲激响应，$y_{zs}(t)$为$x(t)$的零状态响应。

上述响应也可以表示为：

$$y_{zs}(t) = x(t) * h(t) \qquad (4.2.5)$$

根据所给出的定义式，从几何角度上看，连续信号卷积的运算过程可以分解为以下四步。

（1）翻转

$$f_2(\tau) \rightarrow f_2(-\tau)$$

（2）平移

$$f_2(-\tau) \rightarrow f_2(t-\tau)$$

（3）相乘

$$f_1(\tau)f_2(t-\tau)$$

（4）积分

$$\int_{-\infty}^{\infty} f_1(\tau)f_2(t-\tau)\mathrm{d}\tau$$

以上四个步骤是结合积分的定义式给出的运算方法，在卷积运算和特性分析中，卷积性质也是一条重要的分析途径。与离散系统的卷积性质类似，对于连续时间信号和系统，也有一些重要性质。

（1）交换律

$$f_1(t) * f_2(t) = f_2(t) * f_1(t) \qquad (4.2.6)$$

物理意义：串联的子系统可以任意交换位置。

（2）分配律

$$f_1(t) * [f_2(t) + f_3(t)] = f_1(t) * f_2(t) + f_1(t) * f_3(t) \qquad (4.2.7)$$

物理意义：冲激响应为$h_1(t)$和$h_2(t)$的两个系统并联，可等效为一个冲激响应。

$$h(t) = h_1(t) + h_2(t)$$

（3）结合律

$$[f_1(t) * f_2(t)] * f_3(t) = f_1(t) * [f_2(t) * f_3(t)] \qquad (4.2.8)$$

物理意义：冲激响应为$h_1(t)$和$h_2(t)$的两个系统串联，可等效为一个冲激响应。

$$h(t) = h_1(t) * h_2(t)$$

（4）卷积的微分

$$\frac{\mathrm{d}}{\mathrm{d}t}[f_1(t) * f_2(t)] = f_1(t) * \frac{\mathrm{d}f_2(t)}{\mathrm{d}t} + f_2(t) * \frac{\mathrm{d}f_1(t)}{\mathrm{d}t}$$

（5）卷积的积分

$$\int_{-\infty}^t f_1(\tau) * f_2(\tau)\mathrm{d}\tau = f_1(t) * \int_{-\infty}^t f_2(\tau)\mathrm{d}\tau = f_2(t) * \int_{-\infty}^t f_1(\tau)\mathrm{d}\tau$$

在编程实现中，由于计算机处理的是数字信号，卷积可通过信号的分段之和来逼近，即：

$$f(t) = f_1(t) * f_2(t) = \int_{-\infty}^{\infty} f_1(\tau) f_2(t-\tau) \mathrm{d}\tau = \lim_{\Delta \to 0} \sum_{k \to -\infty}^{\infty} f_1(k\Delta) \cdot f_2(t-k\Delta) \cdot \Delta \qquad (4.2.9)$$

如果我们仅希望得到 $t = n\Delta$（n 是一个整数）时 $f(t)$ 的结果，我们可以将 $t = n\Delta$ 代入式（4.2.3）并得到：

$$f(n\Delta) = \sum_{k \to -\infty}^{\infty} f_1(k\Delta) \cdot f_2(n\Delta - k\Delta) \cdot \Delta = \Delta \sum_{k \to -\infty}^{\infty} f_1(k\Delta) \cdot f_2[(n-k)\Delta] \qquad (4.2.10)$$

$\sum_{k \to -\infty}^{\infty} f_1(k\Delta) \cdot f_2([n-k]\Delta)$ 是 $f_1(k\Delta)$ 同 $f_2(k\Delta)$ 的卷积和，$f_1(k\Delta)$ 和 $f_2(k\Delta)$ 等价于连续时间信号 $f_1(t)$ 和 $f_2(t)$ 的等间隔采样。当 Δ 尽可能小时，$f(n\Delta)$ 可视作式（4.2.3）卷积的近似值。因此，卷积和的本质是信号离散化。

在 MATLAB 中，可以遵循以下的步骤来计算卷积。

（1）对连续时间信号以 Δ 的间隔进行采样，可得到离散序列 $f_1(k\Delta)$ 和 $f_2(k\Delta)$；

（2）构造对应于 $f_1(k\Delta)$ 和 $f_2(k\Delta)$ 的时间向量 k_1 和 k_2。

（3）调用 conv( )函数，计算卷积。

（4）构造对应于 $f(n\Delta)$ 的时间向量 n。

4.2.2 仿真案例

案例 4.2.1 利用不同取值的 Δ，例如，$\Delta = 0.5$、0.1、$0.01 \cdots$，基于 MATLAB 软件编程计算信号 $f_1(t) = \mathrm{e}^{-t}[u(t) - u(t-6)]$ 和信号 $f_2(t) = t\mathrm{e}^{-t}[u(t) - u(t-6)]$ 的卷积并比较 Δ 取不同值时的计算结果差异。

案例分析： 利用卷积的数学计算公式，可以得到该案例的理论计算结果。在本案例中，理论结果可以作为衡量自己的编程仿真结果的依据，仿真结果与理论结果越接近，表明我们的仿真程序越有效。另外，还可以根据与理论结果的差异，分析编程实现中的误差原因。

本案例中所给出的两个信号在时间域上的长度均为有限，因此在积分计算中需要划分不同的区间，需要分别确定积分限。

$$f(t) = f_1(t) * f_2(t) = \int_{-\infty}^{\infty} f_1(\tau) f_2(t-\tau) \mathrm{d}\tau$$

$$= \int_0^6 \mathrm{e}^{-(t-\tau)} u(t-\tau) \cdot \tau \mathrm{e}^{-\tau} u(\tau) \mathrm{d}\tau = \mathrm{e}^{-t} \int_0^6 \tau u(t-\tau) \mathrm{d}\tau$$

对于上面的公式，可以进行分段考虑，分别对 $t < 0$、$0 \leqslant t \leqslant 6$、$t > 6$ 所对应的积分限进行考虑，所得到的积分限以及积分计算的结果如下式所示。

$$f(t) = \begin{cases} \mathrm{e}^{-t} \int_{t-6}^6 \tau \mathrm{d}\tau, & 6 < t \leqslant 12 \\ \mathrm{e}^{-t} \int_0^t \tau \mathrm{d}\tau, & 0 \leqslant t \leqslant 6 \\ 0, & t < 0 \cup t > 12 \end{cases} = \begin{cases} \dfrac{1}{2} \mathrm{e}^{-t}(-t^2 + 12t), & 6 < t \leqslant 12 \\ \dfrac{1}{2} t^2 \mathrm{e}^{-t}, & 0 \leqslant t \leqslant 6 \\ 0, & t < 0 \cup t > 12 \end{cases}$$

在理论计算中，我们也可以在开始计算时就考虑对 t 的区间划分，具体的实现方法有很多，这里所给出的仅是一种。

在编程实现中，计算机处理的是离散数据，需要把卷积计算中的积分运算转换为离散求和，离散间隔的大小会影响计算结果对积分的逼近程度。

参考代码：

```
%%%%%%%%%%%%%%%%%%%%%%%%%%%%%%%%%%%
dt=0.1;                          %%%    时间片长度（ Δ=0.1 ）
k1=0:dt:6;                       %%%    时间序列
f1=exp(-k1);                     %%%    信号 f1（序列）
k2=k1;
f2=k2.*exp(-k2);                 %%%    信号 f2（序列）
f=dt*conv(f1,f2);                %%%    计算 f1 和 f2 的卷积
k0=k1(1)+k2(1);                  %%%    计算 f 的序列初始值
k3=length(f1)+length(f2)-2;      %%%    计算 f 的宽度
k=k0:dt:(k0+k3*dt);              %%%    构造时间向量
subplot(2,2,1);                  %%%    绘制 f1(t)的波形
plot(k1,f1);
xlabel('t');
title('f1(t)');
subplot(2,2,2);                  %%%    绘制 f1(t)的波形
plot(k2,f2);
xlabel('t');
title('f2(t)');
subplot(2,2,3);                  %%%    绘制 f(t)的波形
plot(k,f);
xlabel('t');
title('f(t)=f1(t)*f2(t)');
```

当 $\Delta=0.1$ 时，程序仿真的结果如图 4-9 所示，图中给出了仿真信号 $f_1(t)$ 和信号 $f_2(t)$，以及卷积计算后的结果。

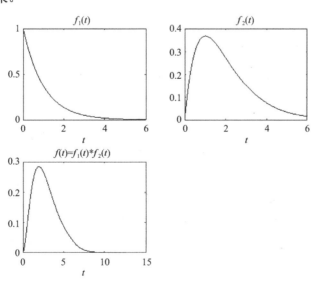

图 4-9   dt=0.1 时 $f_1(t)$ 和 $f_2(t)$ 的卷积

改变程序中的离散间隔，如 dt=0.5（即 Δ=0.5），可以得到程序运行的仿真结果如图 4-10所示。

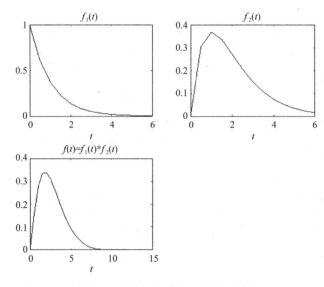

图 4-10   dt=0.5 时 $f_1(t)$ 和 $f_2(t)$ 的卷积

比较卷积计算的结果，可以看出不同的离散间隔得到的仿真结果是有区别的，为了便于说明离散间隔对于连续卷积的影响，我们也给出信号 $f_1(t)$ 和信号 $f_2(t)$ 卷积的理论结果，以便于与程序仿真结果的对比和分析，如图 4-11 所示。

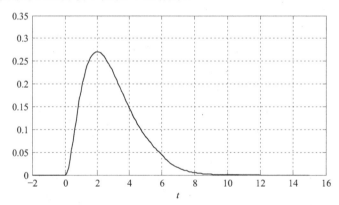

图 4-11   理论上的 $f_1(t)$ 和 $f_2(t)$ 卷积结果

比较图 4-9 到图 4-11 的卷积结果可以看出，抽样间隔越大，仿真得到的卷积结果与理论计算结果的误差也就越大。结合前文用和运算来逼近积分的做法，对本案例的这个结论就容易理解了。

案例 4.2.2   编程计算 $f(t)=[u(t)-u(t-1)]*[u(t)-u(t-1)]$，并将仿真计算结果与理论计算结果相比较，分析差别的原因。

案例分析：本案例的信号均为时间域长度有限的信号，且均为矩形脉冲，理论计算容易实现。

$$f(t)=[u(t)-u(t-1)]*[u(t)-u(t-1)]$$
$$=\int_{-\infty}^{\infty}[u(\tau)-u(\tau-1)][u(t-\tau)-u(t-\tau-1)]\mathrm{d}\tau$$

$$= \int_0^1 [u(t-\tau) - u(t-1-\tau)] \mathrm{d}\tau$$

对于该式的计算，需要根据 t 的不同的取值范围进行分段计算，每一段内可以分别确定积分范围，具体如下。

$$f(t) = \begin{cases} t, & 0 < t \leqslant 1 \\ 2-t, & 1 < t \leqslant 2 \\ 0, & \text{其他} \end{cases}$$

本案例及案例 4.2.1 均对参与卷积计算的两个信号直接代入计算式进行初步处理后再进行分段确定积分限，计算积分，这是一种有效的方法，另外还可以直接对给出的信号进行分段处理，这里结合本案例的两个信号给出简要的处理过程。

所给信号具有相同的形式，可以表示为：

$$x(t) = \begin{cases} 1, & 0 \leqslant t \leqslant 1 \\ 0, & \text{其他} \end{cases}$$

按照前文所给出的翻转、平移、相乘、积分四个步骤计算卷积，这里我们不再给出数学上的表达式，仅采用图形方式来表示积分限的确定，如图 4-12 和图 4-13 所示。

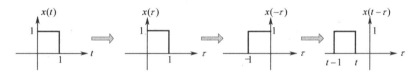

图 4-12　信号变换图

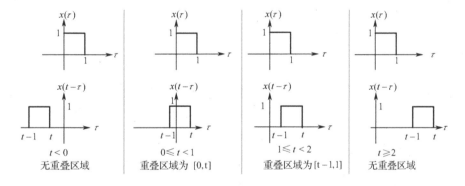

图 4-13　不同区域的积分区间示意图

对于区间划分，以及一些分界点的划分问题，如图 4-13 中第一列和第二列以 0 为分界点，我们可以采用不同的划分方法，如 $t \leqslant 0$ 和 $0 < t < 1$，或者采用 $t < 0$ 和 $0 \leqslant t < 1$ 均可，不影响结果，只要给出的划分不重叠并覆盖变量的全部取值范围即可。

参考代码：

```
%%%%%%%%%%%%%%%%%%%%%%%%%%%%%%%%
dt=0.01;                              %%%  时间间隔
k1=-1:dt:3;                           %%%  时间序列
f1=heaviside(k1)-heaviside(k1-1);     %%%  信号 f1
k2=k1;
```

```
f2=f1;                              %%%  信号 f2
f=dt*conv(f1,f2);                   %%%  计算 f1 和 f2 的卷积
k0=k1(1)+k2(1);                     %%%  卷积结果序列起始
k3=length(f1)+length(f2)-2;         %%%  卷积结果序列终止
k=k0:dt:(k0+k3*dt);                 %%%  时间向量
subplot(2,2,1);                     %%%  绘制 f1 的波形
plot(k1,f1);
xlabel('t');
title('f1(t)');
xlim([0,3]);ylim([0,2]);            %%%  设定绘图窗口的 x 轴和 y 轴的
                                    %%%  显示范围

subplot(2,2,2);                     %%%  绘制 f2 的波形
plot(k2,f2);
xlabel('t');
title('f2(t)');
xlim([0,3]);ylim([0,2])             %%%  设定绘图窗口的 x 轴和 y 轴的
                                    %%%  显示范围

subplot(2,2,3);                     %%%  绘制卷积结果 f(t)的波形
plot(k,f);
xlim([0,3]);ylim([0,2]);            %%%  设定绘图窗口的 x 轴和 y 轴的
                                    %%%  显示范围

xlabel('t');
title('f(t)=f1(t)*f2(t)');
```

该程序运行的结果如图 4-14 所示。

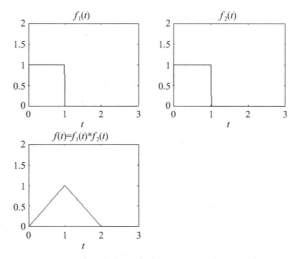

图 4-14　计算两信号卷积 $f(t)$

由图 4-14 可知，仿真结果与理论计算结果相一致。

案例 4.2.3　分别调用 conv( )函数和自己编写程序计算 $f_1(t) = \cos(t)[u(t) - u(t - 10)]$ 和 $f_2(t) = (e^t + e^{-2t})[u(t) - u(t - 10)]$ 的卷积，比较两种方法的卷积结果。

案例分析：在前面的案例中已经给出了 conv( )函数的应用，前文也给出了利用自己编写

的程序计算卷积的过程和函数，对本案例，读者可以在前文的基础上自己完成。

参考代码：

```
%%%%%%%%%%%%%%%%%%%%%%%%%%%%%%%%
a. 利用 conv( )函数
T=0.1;                              %%%  时间步长
t1=0:T:10;                          %%%  时间序列
f1=cos(t1);                         %%%  信号 f1
t2=t1;
f2=exp(t2)+exp(-2*t2);              %%%  信号 f2
f=T*conv(f1,f2);                    %%%  计算卷积
k0=t1(1)+t2(1);                     %%%  卷积输出序列的起始
k3=length(f1)+length(f2)-2;
t=k0:T:(k0+T*k3);                   %%%  卷积结果对应的时间向量
subplot(3,1,1);                     %%%  绘制信号 f1
plot(t1,f1,'linewidth',2);
title('f1(t)');
subplot(3,1,2);                     %%%  绘制信号 f2
plot(t2,f2,'linewidth',2);
title('f2(t)');
subplot(3,1,3);                     %%%  绘制卷积结果
plot(t,f,'linewidth',2);
title('convolution of f1(t) and f2(t)');
```

以上程序的运行结果如图 4-15 所示。

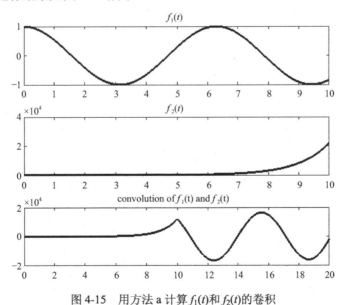

图 4-15　用方法 a 计算 $f_1(t)$ 和 $f_2(t)$ 的卷积

b. 编程实现

```
T=0.1;                              %%%  时间步长
t1=0:T:10;                          %%%  时间序列
f1=cos(t1);                         %%%  信号 f1
t2=t1;
f2=exp(t2)+exp(-2*t2);              %%%  信号 f2
```

```
lf1=length(f1);                                    %%%  信号 f1 长度
lf2=length(f2);                                    %%%  信号 f2 长度
for k=1:lf1+lf2-1
    y(k)=0;                                        %%%  y 赋初始值
    for ii=max(1,k-(lf2-1)):min(k,lf1)
        y(k)=y(k)+f1(ii)*f2(k-ii+1);              %%%  信号相乘和求和
    end
    yzsappr(k)=T*y(k);                            %%%  用乘和加运算来近似积分运算
end
t0=t1(1)+t2(1);                                    %%%  卷积输出序列起点
t3=lf1+lf2-2;
t=t0:T:(t0+t3*T);                                  %%%  卷积输出对应的时间序列
subplot(3,1,1)                                     %%%  绘制信号 f1 的波形
plot(t1,f1,'linewidth',2);
title('f1(t)');
subplot(3,1,2)                                     %%%  绘制信号 f2 的波形
plot(t2,f2,'linewidth',2);
title('f2(t)');
subplot(3,1,3)                                     %%%  绘制卷积结果的波形
plot(t,yzsappr,'linewidth',2);
title('convolution');
```

以上程序的运行结果如图 4-16 所示。

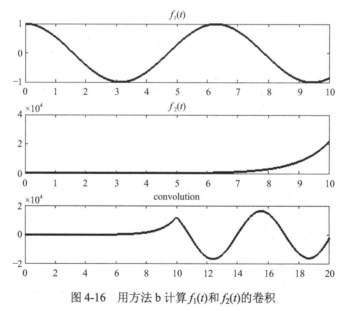

图 4-16　用方法 b 计算 $f_1(t)$ 和 $f_2(t)$ 的卷积

可以看出，两种方法的结果是相同的，自己编程实现可以调节实现过程中的参数设置，根据不同参数下的结果差异和对案例结果的分析，这也使读者能够更好地理解卷积的计算过程和卷积操作的本质。

案例 4.2.4　若一个 LTI 系统的激励源为 $f_1(t) = \sin t[u(t) - u(t-10)]$，单位冲激响应为 $h(t) = te^{-2t}[u(t) - u(t-10)]$，通过 MATLAB 编程计算系统的零状态响应。

案例分析：本案例中要计算系统的零状态响应，根据我们学习的相关理论知识，系统的零状态响应就是系统的单位冲激响应与输入激励信号的卷积，这样就把计算零状态响应的问

题转换为了卷积的计算问题。利用与前面的案例一致的思路和方法可以实现编程。

参考代码:

```
%%%%%%%%%%%%%%%%%%%%%%%%%%%%%%%%%%%
T=0.1;                              %%%  时间步长
t1=0:T:10;                          %%%  时间序列
f=3.*t1.*sin(t1);                   %%%  信号 f
t2=t1;
h=t2.*exp(-2*t2);                   %%%  信号 h
Lf=length(f); Lh=length(h);         %%%  f 和 h 的长度
for k=1:Lf+Lh-1
    y(k)=0;                         %%%  卷积结果中间值
    for i=max(1,k-(Lh-1)):min(k,Lf)
        y(k)=y(k)+f(i)*h(k-i+1);    %%%  f 和 h 的乘积与求和（卷积的中间过程）
    end
    yr(k)=T*y(k);                   %%%  模拟卷积积分过程
end
t0=t1(1)+t2(1);                     %%%  卷积结果的起始时间
t3=Lf+Lh-2;
t=t0:T:(t0+T*t3);                   %%%  卷积结果的时间序列
subplot(3,1,1);                     %%%  绘制 f 图形
plot(t1,f);
xlabel('t');
title('f(t)');
subplot(3,1,2);                     %%%  绘制 h 图形
plot(t2,h);
xlabel('t');
title('h(t)');
subplot(3,1,3);                     %%%  绘制卷积结果（零状态响应）
plot(t,yr(1:length(t)));
xlabel('t');
title('zero state response of system');
```

程序运行的结果如图 4-17 所示,图中给出了系统的单位冲激响应和零状态响应。

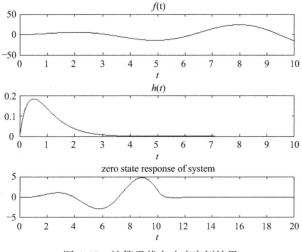

图 4-17　计算零状态响应案例结果

4.2.3 仿真练习

用 MATLAB 命令绘出下列信号（见图 4-18）的卷积积分 $f_1(t) * f_2(t)$ 的时域波形图。

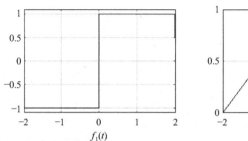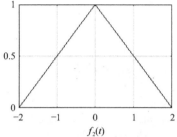

图 4-18 $f_1(t)$ 和 $f_2(t)$信号波形

4.3 LTI 系统频率响应

4.3.1 原理和方法

LTI 系统的重要性在前文已经说明，这里分别从定义、存在条件和群延迟等方面来介绍 LTI 系统的频率特性，通过这些介绍和仿真分析，使读者更好地掌握常系数微分方程与系统函数的关系，以及 LTI 系统频率响应特性的编程计算方法和特性曲线绘制方法。

系统的频率特性，又称系统的频率响应特性，指的是系统冲激响应（幅值和相位）随频率的变化特性。

LTI 系统如图 4-19 所示。

图 4-19 LTI 系统

在图 4-19 中，$x(t)$、$y(t)$ 分别为系统的激励与响应信号，$h(t)$ 为系统的单位冲激响应。它们之间的关系：时域上 $y(t) = x(t) * h(t)$，频域上 $Y(\mathrm{j}\omega) = X(\mathrm{j}\omega)H(\mathrm{j}\omega)$，因此可以得到：

$$H(\mathrm{j}\omega) = \frac{Y(\mathrm{j}\omega)}{X(\mathrm{j}\omega)} \tag{4.3.1}$$

$H(\mathrm{j}\omega)$ 是系统在频域上的数学模型，实际上它也就是 $h(t)$ 的傅里叶变换：

$$H(\mathrm{j}\omega) = \int_{-\infty}^{\infty} h(\mathrm{t})\mathrm{e}^{-\mathrm{j}\omega t}\mathrm{d}t \tag{4.3.2}$$

定义如下由常系数微分方程表示的 LTI 系统：

$$a_n\frac{\mathrm{d}^n y}{\mathrm{d}t^n} + ... a_1\frac{\mathrm{d}y}{\mathrm{d}t} + a_0 y(t) = b_m\frac{\mathrm{d}^m x}{\mathrm{d}t^m} + ... + b_1\frac{\mathrm{d}x}{\mathrm{d}t} + b_0 x(t) \tag{4.3.3}$$

根据傅里叶变换定义以及性质，对上式两边分别进行傅里叶变换：

$$[a_n(\mathrm{j}\omega)^n + ... + a_1(\mathrm{j}\omega) + a_0]Y(\mathrm{j}\omega) = [b_m(\mathrm{j}\omega)^m + ... + b_1(\mathrm{j}\omega) + b_0]X(\mathrm{j}\omega) \tag{4.3.4}$$

根据式（4.3.1）的定义得到：

$$H(\mathrm{j}\omega) = \frac{b_m(\mathrm{j}\omega)^m + \ldots + b_1(\mathrm{j}\omega) + b_0}{a_n(\mathrm{j}\omega)^n + \ldots + a_1(\mathrm{j}\omega) + a_0} \tag{4.3.5}$$

$H(\mathrm{j}\omega)$ 是 LTI 系统的频率响应，它同输入信号无关。

$H(\mathrm{j}\omega)$ 通常是复数形式，在对 LTI 系统特性的研究中，系统的频率响应通常表示为极坐标的形式：

$$H(\mathrm{j}\omega) = |H(\mathrm{j}\omega)| \mathrm{e}^{\mathrm{j}\varphi(\omega)} \tag{4.3.6}$$

$|H(\mathrm{j}\omega)|$ 为幅值响应，它反映了信号通过系统后每个频率分量上幅值的变化。$\varphi(\omega)$ 为相位响应，反映了每个频率分量上相位的变化。

由于 $|H(\mathrm{j}\omega)|$ 和 $\varphi(\omega)$ 均为 ω 的函数，因此系统对不同频率分量的幅值和相位的影响也是不同的。

1. 频率响应的存在条件

由于 $H(\mathrm{j}\omega)$ 是系统单位脉冲响应 $h(t)$ 的傅里叶变换，如果 $h(t)$ 是收敛或完全可积的，那么 $H(\mathrm{j}\omega)$ 一定存在。这是 Dirichlet 条件中所给出的完全可积条件：

$$\int_{-\infty}^{\infty} |h(t)| \, \mathrm{d}t < \infty \tag{4.3.7}$$

同时上式也表明了系统是稳定的。

一个物理可实现的因果系统在频率响应上需要满足一个必要条件，它的幅频特性 $|H(\mathrm{j}\omega)|$ 应满足：

$$\int_{-\infty}^{\infty} \frac{|\ln|H(\mathrm{j}\omega)||}{1 + \omega^2} \, \mathrm{d}\omega < \infty \tag{4.3.8}$$

另外，幅频响应也需要完全可积：

$$\int_{-\infty}^{\infty} |H(\mathrm{j}\omega)|^2 \, \mathrm{d}\omega \tag{4.3.9}$$

2. LTI 系统的群延迟

根据信号频谱，信号是由不同频率的成分按照不同权重组合在一起的。当一个信号通过系统时，它会发生相位平移，也就意味着时间延迟。群延迟可以很好地表征系统对不同频率信号的时间延迟。

群延迟定义如下：

$$\tau(\omega) = -\frac{\mathrm{d}\varphi(\omega)}{\mathrm{d}\omega} \tag{4.3.10}$$

群延迟的物理意义：当某一频率的信号通过 LTI 系统时，它的响应信号会有一定的时间延迟，并且不同的频率分量的延迟量不同。根据系统的群延迟可以判断系统的线性相位特性。

4.3.2 仿真案例

案例 4.3.1 假定系统函数为 $H(s) = \dfrac{s^2 - 2s + 0.8}{s^3 + 2s^2 + 2s + 1}$，绘出系统的零极点图以及冲激响应、阶跃响应、幅频响应和相频响应。

案例分析：根据系统函数绘制零极点图的方法在 3.3 节和 3.4 节中已说明，可以调用 MATLAB 函数实现。本案例是以有理式的形式给出了系统函数，根据分子和分母多项式的系数，即可调用 MATLAB 函数计算系统的冲激响应、阶跃响应、幅频响应和相频响应，其中计算冲激响应和阶跃响应的函数分别为 impulse() 和 step()。如果通过理论计算来分析和计算本案例，可以采用部分分式展开法计算系统的冲激响应，在得到冲激响应后，阶跃响应和频率特性利用前面介绍的方法即可得到，这里不再赘述。

需要说明的是，只有稳定的系统，其单位冲激响应才具有傅里叶变换，因此才能得到系统的频率特性。不稳定的系统是谈不上频率特性的，但不稳定的系统同样存在传递函数、传输算子和单位冲激响应。因此，当根据系统函数计算系统的频率特性时，首先必须分析系统是否稳定（或冲激响应的绝对可积）。

参考代码：

```
%%%%%%%%%%%%%%%%%%%%%%%%%%%%%%%%%%%%%%%%
num=[1 -2 0.8];                %%%%  分子多项式系数
den=[1 2 2 1];                 %%%%  分母多项式系数
subplot(2,3,1);
pzmap(num,den);                %%%%  绘制零极点图
t=0:0.1:15;
subplot(2,3,2);
impulse(num,den,t);            %%%%  绘制冲激响应图
grid on;
subplot(2,3,3);
step(num,den,t);               %%%%  绘制阶跃响应图
grid on;
omega=0:0.01:2*pi;
H=freqs(num,den,omega);        %%%%  计算频域响应
subplot(2,2,3);
plot(omega,abs(H));            %%%%  绘制幅频特性图
title('Amplitude Response')
grid on;
subplot(2,2,4);
plot(omega,angle(H));          %%%%  绘制相频特性图
title('Phase Response')
grid on;
```

运行结果如图 4-20 所示，其中第 2 行的两幅图的横坐标为角频率，范围为 0～2π。

案例 4.3.2 通过编程研究不同位置的极点对系统响应的影响，例如，

$$H_1(s) = \frac{1}{(s+1)^2 + 4^2}, \quad H_2(s) = \frac{1}{(s-1)^2 + 4^2}, \quad H_3(s) = \frac{1}{s^2 + 4^2}。$$

案例分析：对案例中所给的系统进行展开可得：

$$H_1(s) = \frac{1}{(s+1)^2 + 4^2} = \frac{1}{s^2 + 2s + 17}$$

$$H_2(s) = \frac{1}{(s+1)^2 + 4^2} = \frac{1}{s^2 - 2s + 17}$$

$$H_3(s) = \frac{1}{s^2 + 4^2} = \frac{1}{s^2 + 16}$$

展开后的系统描述具有了与前面的案例一致的表达式，分子和分母分别为 s 的多项式的形式，这样就可以利用其分子和分母多项式的系数研究系统的特性。本案例主要关注系统的

极点位置对系统响应的影响，我们可以首先给出系统的极点分布图和对应的冲激响应图。

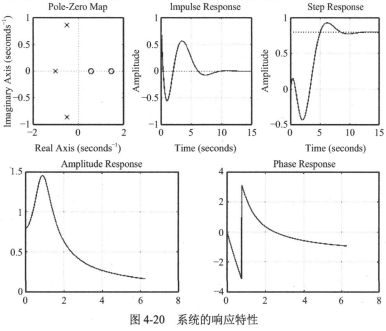

图 4-20 系统的响应特性

参考代码：

```
%%%%%%%%%%%%%%%%%%%%%%%%%%%%%%%%%%%%
b1=[1];                              %%%  系统1分子多项式系数
a1=[1,2,17];                         %%%  系统1分母多项式系数
figure;
subplot(2,1,1);
pzmap(b1,a1);                        %%%  绘制系统1的零极点图
axis([-2 2 -6 6]);
title('poles in left half plane');
subplot(2,1,2);
impulse(b1,a1);                      %%%  绘制系统1的冲激响应图
b2=[1];a2=[1,-2,17];
figure;
subplot(2,1,1);
pzmap(b2,a2);                        %%%  绘制系统2的零极点图
axis([-2 2 -6 6]);
title('poles in right half plane');
subplot(2,1,2);
impulse(b2,a2);                      %%%  绘制系统2的冲激响应图
b3=[1];a3=[1,0,16];
figure;
subplot(2,1,1);
pzmap(b3,a3);                        %%%  绘制系统3的零极点图
axis([-2 2 -6 6]);
title('poles on the imaginary axis');
subplot(2,1,2);
impulse(b3,a3);                      %%%  绘制系统3的冲激响应图
```

运行结果如图 4-21 所示。

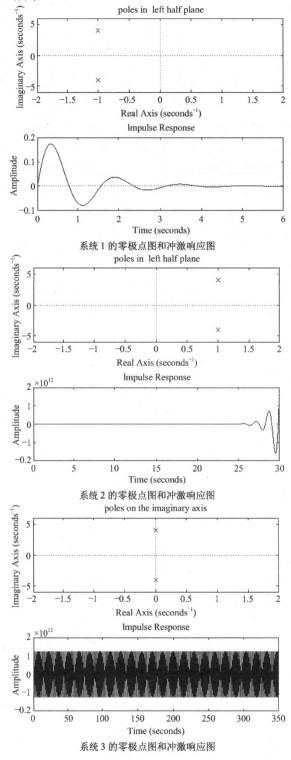

图 4-21　3 个系统的零极点图和冲激响应图

以上 3 个系统的仿真结果分别对应了冲激响应随时间增大趋于 0，随时间增大而增大和等幅振荡 3 种不同的情况，结合系统的零极点位置，该案例进一步验证了以下的结论。该案例也直观地给出了系统零极点位置对系统特性的影响。

（1）当系统极点在 s 左半平面时，所对应的时域信号幅值将随时间增大而衰减，当 $t \to \infty$ 时，信号将趋于 0。

（2）当极点在虚轴上时，且为一阶极点时，对应的时域信号为幅值不随时间变化的阶跃信号或余弦信号，当有二阶极点时，时域信号幅值将随时间增大而增大，当 $t \to \infty$ 时，信号趋于无穷大。

（3）当极点在 s 右半平面时，对应的时域信号幅值将随时间增大而增大，当 $t \to \infty$ 时，信号将趋于无穷大。

案例 4.3.3 假定有一个 LTI 系统，描述其输入与输出关系的微分方程如下：

$$y''(t) + 3y'(t) + 2 = x(t)$$

编写一个 MATLAB 程序，绘出所给系统的频率响应，观察所得到的幅频响应和相频响应曲线，分析系统的特点。

MATLAB 软件提供了函数 $[H, \omega] = \text{freqs}(b, a)$ 以计算系统的频率响应。需要注意的是，系统的频率特性包含了幅频特性和相频特性，在绘图时需要绘制两幅图来描述。上面函数中的 b、a 分别表示 LTI 系统分子和分母多项式的系数向量，H 是每个采样频率的频率响应。另外，MATLAB 软件还提供了以下常用函数可供调用，利用这些函数，可以很方便地分析系统特性。

$\text{real}(H)$：计算 H 的实部。

$\text{imag}(H)$：计算 H 的虚部。

$\text{phi} = \text{angle}(H)$：计算 H 的相位。

$\tau = \text{grpdelay}(\text{num}, \text{den}, \omega)$：计算系统的群延迟。

参考代码：

```
%%%%%%%%%%%%%%%%%%%%%%%%%%%%%%%%%%%
b=[1];                              %%%  微分方程的分子系数
a=[1 3 2];                          %%%  微分方程的分母系数
[H,w]=freqs(b,a);                   %%%  计算系统的频率响应
Hm=abs(H);                          %%%  计算幅频响应
phai=angle(H);                      %%%  计算相频响应
figure;
plot(w,Hm);                         %%%  绘制幅频响应曲线
xlabel('Omega (rad/s)');
title('amplitude response');
figure;
plot(w,phai);                       %%%  绘制相频响应曲线
xlabel('Omega (rad/s)');
title('phase response');
```

运行结果如图 4-22 所示。

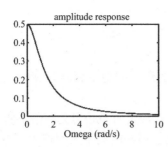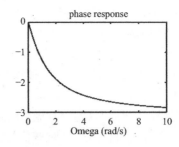

图 4-22　幅频和相频响应

观察图 4-22 可知，该系统为低通滤波器，相位也随着频率的增加而减小。

案例 4.3.4　假定有一个 RC 电路如图 4-23 所示，分析该系统的频率特性。

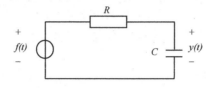

图 4-23　RC 电路图

输入信号波形如图 4-24 所示。

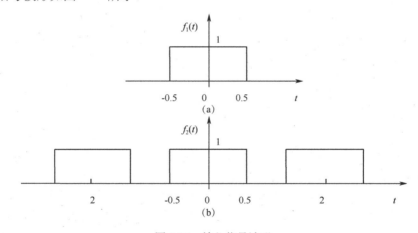

图 4-24　输入信号波形

（1）若输入信号是图 4-24（a）所示的门函数，计算输出信号，并通过编程绘制输出信号的时域形式和频域形式。

（2）若输入信号是图 4-24（b）所示的周期矩形脉冲，计算输出信号，并通过编程绘制输出信号的时域形式和频域形式。

针对以上两个信号，比较理论分析与程序运行结果间的差异，分析造成差异的原因，并通过进一步的仿真实验验证自己的结论。

案例分析：首先根据电路原理图可以写出系统微分方程及理论上的频率响应。

$$RCy'(t) + y(t) = f(t) \rightarrow RC\mathrm{j}\omega Y(\mathrm{j}\omega) + Y(\mathrm{j}\omega) = F(\mathrm{j}\omega)$$

$$H(\mathrm{j}\omega)=\frac{Y(\mathrm{j}\omega)}{F(\mathrm{j}\omega)}=\frac{1}{(RC)\mathrm{j}\omega+1}$$

在不同的 RC 值下，利用上式可以直接得到系统的频率特性。根据所给的输入信号，就可以计算出系统的输出（时域和频域），观察输出结果，就可以分析不同的 RC 值对系统的影响。

当 $RC=1$、0.1、0.01 时，系统的幅频响应仿真代码如下。

```
%%%%%%%%%%%%%%%%%%%%%%%%%%%%%%%%%%%
RC_n=[1 0.1 0.01];                    %%%  RC 值
N=length(RC_n);
omega=0:0.01:100*pi;                  %%%  频率向量
for k=1:N
    RC=RC_n(k);
    H=1./(j*omega*RC+1);              %%%  频率特性
    subplot(N,1,k);
    plot(omega,abs(H));               %%%  绘制幅频特性曲线
    title(strcat('RC=',num2str(RC)));
    xlabel('w');ylabel('|H(jw)|');
end
```

得到的幅频特性曲线如图 4-25 所示。

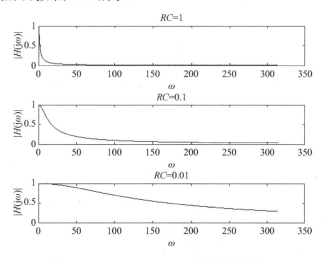

图 4-25 $RC=1$、0.1、0.01 时系统的幅频响应

在不同的 RC 值下，利用系统的频率特性与输入信号的频谱相乘，就可以得到系统输出信号的频谱，仿真该 RC 电路的输出信号的频谱的参考代码如下。

```
%%%%%%%%%%%%%%%%%%%%%%%%%%%%%%%%%%%
RC_n=[1 0.1 0.01];                    %%%  RC 值
N=length(RC_n);
omega=-10*pi:0.01:10*pi;
F=sinc(omega/(2*pi));                 %%%  输入信号 f1 的频谱
subplot(N+1,1,1);
```

```
    plot(omega,abs(F));                              %%%   绘制输入信号的幅度谱
    title('frequency spectrum of input signal');
    xlabel('w');ylabel('|F(jw)|');
    axis([-40 40 0 1]);
    for k=1:N
        RC=RC_n(k);
        H=1./(j*omega*RC+1);                         %%%   系统频率特性
        Y=F.*H;                                       %%%   输出信号频谱
        subplot(N+1,1,k+1);
        plot(omega,abs(Y));                          %%%   绘制输出信号的幅频曲线
        title(strcat('RC=',num2str(RC)));
        xlabel('w');ylabel('|Y(jw)|');
        axis([-40 40 0 1]);
    end
```

仿真中，对 3 种不同的 RC 取值同时进行仿真，并对结果进行比较，3 组 RC 下程序运行结果如图 4-26 所示。

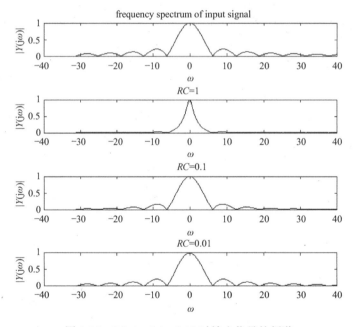

图 4-26 RC=1、0.1、0.01 时输出信号的频谱

在得到系统的输出频谱的基础上，利用傅里叶逆变换，可以得到该输出信号时域形式，程序仿真的参考代码如下。

```
%%%%%%%%%%%%%%%%%%%%%%%%%%%%%%%%%%%%%
RC_n=[1 0.1 0.01];
N=length(RC_n);
t=-3:0.001:3;
f=stepfun(t,-0.5)-stepfun(t,0.5);                    %%%   输入信号（时域）
subplot(N+1,1,1);
```

```
    plot(t,f);                                %%%   绘制输入信号
    xlabel('t');ylabel('f(t)');
    title('input signal');
    domega=0.01;                              %%%   频率步进值
    omega=-10*pi:0.01:10*pi;
    F=sinc(omega/(2*pi));                     %%%   输入信号的频谱
    for k=1:N
        RC=RC_n(k);
        H=1./(j*omega*RC+1);
        Y=F.*H;                               %%%   频谱相乘，得到输出频谱
        y=Y*exp(j*omega'*t).*domega./(2*pi);  %%%   傅里叶逆变换
        subplot(N+1,1,k+1);
        plot(t,abs(y));                       %%%   绘制输出信号（时域）
        xlabel('t');ylabel('y(t)');
        title(strcat('RC=',num2str(RC)));
    end
```

运行结果如图 4-27 所示。

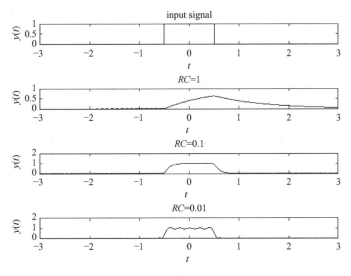

图 4-27　输入信号为门函数时的输出信号

案例 4.3.4 中给出了两种不同的输入信号，信号 2 为周期脉冲信号，该信号的理论频谱是可以预先知道的，并且是离散谱。利用和前面类似的案例编程方法，可以得到该信号经过案例所给系统后的输出信号的频谱。仿真输出信号频谱的参考代码如下。

```
%%%%%%%%%%%%%%%%%%%%%%%%%%%%%%%%%%%%%%
tao=0.5;                              %%%   输入信号参数
n=-20:20;
RC_n=[1 0.1 0.01];
N=length(RC_n);
Fn=tao*sinc(tao*n);                   %%%   输入信号频谱
subplot(N+1,1,1);
```

```
    stem(n,abs(Fn),'.');                        %%%   绘制输入信号幅值谱
    xlabel('n');ylabel('|Fn|');
    title('input signal');
    for k=1:N
        RC=RC_n(k);
        H=1./(j*n*pi*RC+1);                     %%%   系统的频率响应
        Yn=Fn.*H;                               %%%   计算输出信号频谱
        subplot(N+1,1,k+1);
        stem(n,abs(Yn),'.');                    %%%   绘制输出信号幅值谱
        xlabel('n');ylabel('|Yn|');
        title(strcat('output signal RC=',num2str(RC)));
    end
```

3 种不同的 *RC* 取值下，程序运行结果如图 4-28 所示。从输出信号与输入信号比较可直观地看出，*RC* 取值越小，输出信号频谱与输入信号频谱越相似（滤除的信息越少）。

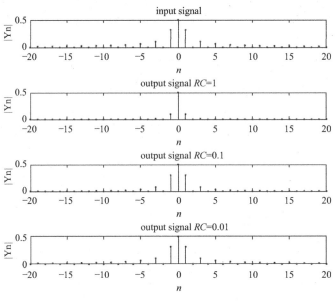

图 4-28　案例 4.3.4 输出信号频谱

观察输出信号时域形式的参考代码如下。

```
%%%%%%%%%%%%%%%%%%%%%%%%%%%%%%%%%%%%%%%%
tao=0.5;                                     %%%   输入信号参数
t=-3:0.001:3;
n=-20:20;
RC_n=[1 0.1 0.01];
N=length(RC_n);
f=0.5*square(pi*(t+0.5),50)+0.5;             %%%   输入信号
subplot(N+1,1,1);
plot(t,f);                                   %%%   绘制输入信号
xlabel('t');ylabel('f(t)');
title('input signal');
```

```
axis([-3 3 -0.5 1.5]);
omega0=pi;
Fn=tao*sinc(tao*n);                      %%%  输入信号频谱
for k=1:N
    RC=RC_n(k);
    H=1./(j*n*pi*RC+1);
    Yn=Fn.*H;                            %%%  输出信号频谱
    y=Yn*exp(j*omega0*n'*t);            %%%  逆傅里叶变换
    subplot(N+1,1,k+1);
    plot(t,y);                          %%%  绘制输出信号（时域）
    xlabel('t');ylabel('y(t)');
    title(strcat('output signal RC=',num2str(RC)));
    axis([-3 3 -0.5 1.5]);
end
```

运行结果如图 4-29 所示。

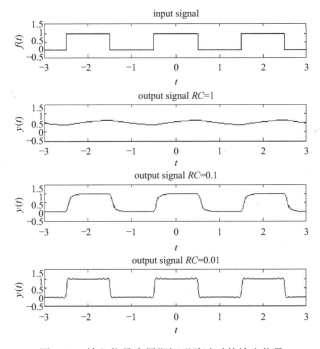

图 4-29　输入信号为周期矩形脉冲时的输出信号

由图 4-26、图 4-28 可知，当 RC 值较大时，系统只允许低频分量通过，输入信号频谱中的高频分量受到了严重衰减；当减小 RC 值时，低通带宽增加，输入信号的高频分量得以通过。

观察图 4-27、图 4-29，虽然输出信号频谱已经较为接近输入信号频谱，但在时域上仍和输入信号有比较明显的差异。继续减小 RC 值，输出信号时域部分会越来越接近于输入信号。

4.3.3　仿真练习

1. 已知系统的微分方程和激励信号 $f(t)$ 如下，试用 MATLAB 编程仿真系统零状态响应的时域波形图。

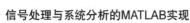

（1）$y''(t) + 2y'(t) + y(t) = f(t); f(t) = tu(t)$

（2）$y''(t) + 2y'(t) + y(t) = f'(t) + f(t); f(t) = e^{-t}u(t)$

2. 已知系统的微分方程如下，试用 MATLAB 编程仿真系统冲激响应和阶跃响应的数值解，并绘出系统冲激响应和阶跃响应的时域波形图。

（1）$y''(t) + 4y'(t) + 3y(t) = f(t)$

（2）$y''(t) + 4y'(t) + 3y(t) = f'(t)$

3. 试用 MATLAB 编程仿真如图 4-30 所示电路系统的幅频特性和相频特性，已知 $L = 5$H、$R = 10\Omega$、$C = 0.01$F。

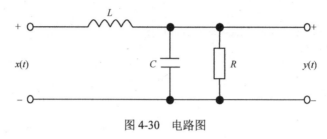

图 4-30　电路图

第 5 章　信号采样与重构

在一定条件下，一个连续信号完全可以用该信号在等时间间隔点的值或样本来表示，并且可以用这些样本值把该信号全部恢复出来。在本章，对信号的采样和信号的重构进行仿真验证。采样定理不仅在信号与系统课程中，而且在整个信息处理中都起着非常重要的作用，是连接连续时间信号和离散时间信号的桥梁。

5.1　采样定理

5.1.1　原理和方法

采样是指利用周期冲激序列从连续时间信号中采出样本信号，所得到的离散信号称为采样信号，也即：

$$x(k) = x(t)|_{t=kT} \tag{5.1.1}$$

对于连续时间信号，采样过程如图 5-1 所示。

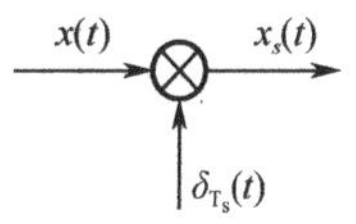

采样后信号 $x_s(t)$ 的傅里叶变换为：

$$X_s(\omega) = \frac{1}{T_s} \sum_{n=-\infty}^{\infty} X(\omega - N\omega_s) \tag{5.1.2}$$

图 5-1　信号采样过程

假设 $x(t)$ 是一个有限带宽信号，其带宽为 B，即：

$$X(\omega) = 0 \quad |\omega| > B \tag{5.1.3}$$

采样信号的频谱 $X_s(\omega)$ 是将原信号频谱在频率轴上平移了 0、$\pm\omega_s$、$\pm2\omega_s$…后的组合。同时，$X_s(\omega)$ 的幅值也变成了原始信号的 $\frac{1}{T_s}$。当 $\omega_s \geq 2B$ 时，信号将不会发生混叠，很多教材中都给出了这一过程的图形表示，这里不再重复。

根据奈奎斯特采样定理，采样频率应为：

$$f_s \geq 2f_m \tag{5.1.4}$$

式中，f_s 是采样频率；f_m 是信号的最高频率。

5.1.2　仿真案例

案例 5.1.1　若 $x(t) = \cos(2\pi f t)$，其中 $f = 1/\pi$ Hz，使用 MATLAB 进行采样仿真。绘出原始信号及频谱、当采样频率 $\omega_s = \pi, 3\pi, 5\pi$ rad（$f_s = 0.5$、1.5、2.5 Hz）时的采样信号及其幅值频谱。

参考代码：

```
%%%%%%%%%%%%%%%%%%%%%%%%%%%%%%%%%%%%%%%
ft=1/pi;                              %%%  原始信号频率
dt=0.1;                               %%%  采样间隔
t1=-20:dt:20;
```

```
xt=cos(2*pi*ft*t1);                                    %%%   原始信号
figure;subplot(1,2,1);
plot(t1,xt);grid on                                    %%%   绘制原始信号
axis([-8 8 -1.2 1.2]);
xlabel('t');ylabel('x(t)');
title('Original signal');
N=500;
k=-N:N;
W=pi*k/(N*dt);
Fw=xt*exp(-j*t1'*W)*dt;                                 %%%   傅里叶变换的数值计算
subplot(1,2,2);
plot(W,abs(Fw));                                        %%%   绘制原信号幅频曲线
grid on
axis([-10 10 -0.2 25]);
xlabel('\omega');ylabel('X(\omega)');
title('Amplitude spectrum of original signal');
figure;
for ii=1:3                                              %%%   三种不同的采样率
    fs=ii-0.5;
    ts=1/fs;                                            %%%   采样间隔
    t2=-20:ts:20;
    fxt=cos(2*pi*ft*t2);                                %%%   采样序列
    subplot(3,2,2*ii-1);
    plot(t1,xt,':');                                    %%%   采样信号的包络
    hold on;
    stem(t2,fxt);                                       %%%   绘制不同采样率下的信号序列
    grid on
    axis([-8 8 -1.2 1.2]);
    xlabel('t');ylabel('fx(t)');
    title('samples');hold off;
    W2=pi*k/(N*ts);
    Fsw=fxt*exp(-j*t2'*W2)* ts;                         %%%   傅里叶变换的数值计算
    subplot(3,2,2*ii);
    plot(W2,abs(Fsw));                                  %%%   绘制不同采样率下的幅值频谱图像
    grid on
    axis([-10 10 -0.2 25]);
    xlabel('\omega'),ylabel('Fs(\omega)');
    title(strcat('Spectrum of samples when fs=',num2str(ii-0.5)));
end
```

程序运行结束后，给出原始信号及在不同采样率下的采样序列和频谱图，可以看出，在不同采样率下，所得到的信号的时域包络及频率特性图都有较大的差别，这也就直观地表明了采样频率对于保持原信号的信息是有影响的。在本案例中需要说明，所给信号是周期信号，在时间域上是无限长的，在程序实现中，只能对有限长的部分进行处理和分析，相当于对信号的截断，这会导致所得到的频谱与频谱理论值不同。如图 5-2 中右图所得到的两组谱线，理论上的余弦信号的两条谱线有冲激信号的形式，但由于截断影响，所得谱线与理论值不同。

这种由于数据截断所产生的影响，在以后的学习和科研中还会经常遇到。

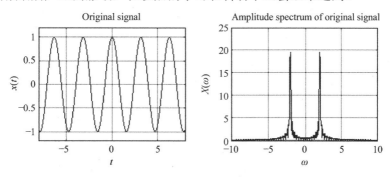

图 5-2 原始信号及其幅值频谱

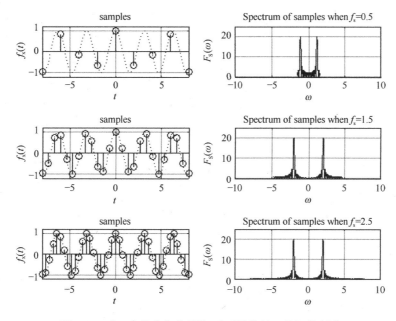

图 5-3 $f_s = 0.5、1.5、2.5\mathrm{Hz}$ 时采样信号及其幅值频谱

由图 5-3 可以看出，当 $f_s = 0.5\mathrm{Hz}$ 时，采样点数过少，采样信号的频谱发生了失真；当 $f_s = 1.5\mathrm{Hz}$ 及 $2.5\mathrm{Hz}$ 时，采样频率满足采样定理的要求，采样信号的频谱类似于图 5-2 所示的结果，接近原信号的频谱。当 $f_s = 0.5\mathrm{Hz}$ 时也得到了两条谱线，为了更深入地分析这两条谱线产生的原因，我们可以在更宽的范围上绘制该采样信号的频谱，扩展 $F_s(\omega)$ 的显示范围为 $[-4\pi f_s, 4\pi f_s]$，可采用如下代码。

```
ft=1/pi;
fs=0.5;                              %%%  采样频率
ts=1/fs;                             %%%  采样间隔
t=-20:ts:20;
xt=cos(2*pi*ft*t);                   %%%  信号 xt
N=500;
k=-4*N:4*N;
```

```
W=pi*k/(N*ts);
Fw=xt*exp(-j*t'*W)*ts;                          %%%  计算 xt 的频谱
figure;
plot(W,abs(Fw));                                %%%  绘制幅值频谱
grid on
axis([-10 10 -0.2 25]);
xlabel('\omega');ylabel('X(\omega)');
title('Amplitude spectrum');
```

运行结果如图 5-4 所示。

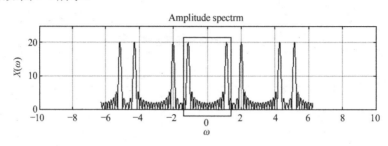

图 5-4 $f_s = 0.5\text{Hz}$ 时扩展显示的幅值频谱

从图 5-4 中可以看出，当 $f_s = 0.5\text{Hz}$ 时，$F_s(\omega)$ 发生了混叠。经过采样后，信号的频谱被周期性延拓，由于信号的实际频谱超出了采样频率所能表达的频谱范围，图 5-3 中所显示的实际上为图 5-4 框中的部分，而真实的信号频谱分别位于-2 和 2 位置。从频谱折叠的角度看，所显示出的为 $F_s(\omega)$ 左移 $2\pi f_s$ 的右半部分频谱与 $F_s(\omega)$ 右移 $2\pi f_s$ 的左半部分频谱。仅从频谱图上看，该信号在不满足采样定理时，也得到了两组谱线，但这两组谱线所表达的意义与原信号的两组谱线是不同的。

案例 5.1.2   若 $x(t) = \sin(2\pi f_0 t) + 2\cos(6\pi f_0 t)$，$f_0 = 1\text{Hz}$，截止频率可视作 $f_m = 5f_0$，软件编程绘出原始信号及其频谱，以及当采样率 $F_s < 2f_m$、$F_s = 2f_m$ 和 $F_s > 2f_m$ 时的采样信号及其频谱。

案例分析：由于处理有限长数据，数据截断导致了本案例所给信号的频谱非常宽，但在远离 f_0 的区域，频谱的值很小，故在案例中给出了截止频率，对于超出截止频率的区域，其频谱可以忽略不计。本案例通过改变采样频率的值，分析采样频率对信号采样的影响。给出的三种采样频率分别为不满足采样定理、临界满足采样定理和满足采样定理。

参考代码：

```
%%%%%%%%%%%%%%%%%%%%%%%%%%%%%%%%%%%%%%
f0=1;                                           %%%  原信号参数
T0=1/f0;
dt=0.1;
t=-8:dt:8;
x=sin(2*pi*f0*t)+2*cos(6*pi*f0*t);              %%%  原始信号
fm=5*f0; Tm=1/fm;   wm=2*pi*fm;                 %%%  信号截止频率

N=length(t);
```

```
    k=-(N-1):N-1;
    w1=k*wm/N;
    X=x*exp(-j*t'*w1)*dt;                          %%%  原始信号频谱
    figure;
    subplot(2,1,1);
    plot(t,x);                                      %%%  绘制原信号图形
    grid on;
    axis([-2 2 1.1*min(x) 1.1*max(x)]);
    xlabel('t'),ylabel('x(t)');
    title('original signal');
    subplot(2,1,2);
    plot(w1/(2*pi),abs(X));                         %%%  绘制原信号幅值频谱
    grid on;
    axis([-3*fm 3*fm 1.1*min(abs(X)) 1.1*max(abs(X))]);
    xlabel('\omega'),ylabel('X(\omega)');
    title('Spectrum of original signal');
    figure;
    for ii=1:3                                       %%%  针对三种不同的采样率
        fs=ii*fm;Ts=1/fs;                            %%%  采样频率和采样间隔
        n=-8:Ts:8;
        xs=sin(2*pi*f0*n)+2*cos(6*pi*f0*n);          %%%  对信号采样
        subplot(3,2,2*ii-1);
        plot(t,x,':');                               %%%  信号采样后的包络
        hold on;
        stem(n,xs);                                  %%%  绘制采样信号
        axis([-2 2 1.1*min(xs) 1.1*max(xs)]);
        xlabel('t'),ylabel('xs(t)');
        title(strcat('fs=',num2str(fs)));
        N=length(n);
        ws=pi*fs;
        k=-(N-1):N-1;
        w=k*ws/N;
        Xs=xs*exp(-j*n'*w)*Ts;                       %%%  计算信号频谱
        subplot(3,2,2*ii);
        plot(w/(2*pi),abs(Xs));                      %%%  绘制采样信号的幅值频谱
        axis([-3*fm 3*fm 1.1*min(abs(Xs)) 1.1*max(abs(Xs))]);
        xlabel('\omega'),ylabel('Xs(\omega)');
    end
```

程序运行后，分别绘制原信号和采样后的信号。如图 5-5 所示为原信号及其幅值频谱。不同的采样频率下所得信号及其频谱如图 5-6 所示。

从图 5-6 可以看出，当 $f_s = 5\mathrm{Hz}$ 时，采样信号的频谱发生了混叠导致显示失真；当 $f_s = 10、15\mathrm{Hz}$ 时，采样频率符合采样定理要求，$f_s \geqslant 2f_m$，采样信号的频谱没有发生混叠，符合理论结果。

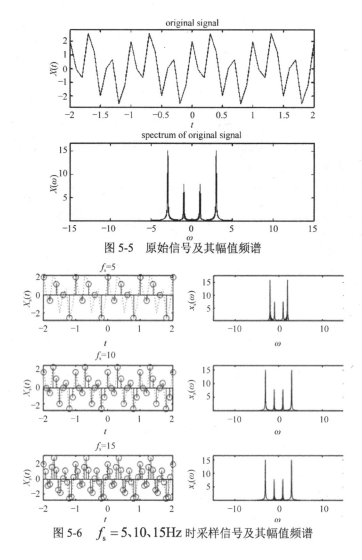

图 5-5 原始信号及其幅值频谱

图 5-6 $f_s = 5 \, \text{、} 10 \, \text{、} 15 \, \text{Hz}$ 时采样信号及其幅值频谱

5.1.3 仿真练习

已知升余弦脉冲信号

$$f(t) = \frac{1}{2}\left[1 + \cos\left(\frac{t}{2}\right)\right]$$

试用 MATLAB 编程实现该信号经脉冲采样后得到的采样信号 $f_s(t)$ 及其频谱，尝试使用多个不同的采样频率，观察和分析结果。

5.2 信号重构

5.2.1 原理和方法

信号经过脉冲序列采样后，从频谱上看相当于对信号做了周期延拓。要恢复原信号，只需保留低频成分即可。对式（5.1.2）中的采样后信号频谱，采用低通滤波器就可以恢复原始信号。采样后的信号 $f_s(t)$ 经理想低通滤波器 $h(t)$ 后可得到重建信号 $f(t)$，即：

$$f(t) = f_s(t) * h(t) \tag{5.2.1}$$

式中，$f_s(t) = f(t) \sum_{n=-\infty}^{n=\infty} \delta(t - nT_s) = \sum_{n=-\infty}^{n=\infty} f(nT_s)\delta(t - nT_s)$；$h(t) = T_s \dfrac{\omega_c}{\pi} \mathrm{Sa}(\omega_c t)$，$\omega_c$ 为滤波器的截止频率，可以得到：

$$f(t) = f_s(t) * h(t) = \left(\sum_{n=-\infty}^{n=\infty} f(nT_s)\delta(t - nT_s) \right) * T_s \frac{\omega_c}{\pi} \mathrm{Sa}(\omega_c t)$$

$$= T_s \frac{\omega_c}{\pi} \sum_{n=-\infty}^{n=\infty} f(nT_s) \mathrm{Sa}\left[\omega_c(t - nT_s) \right] \tag{5.2.2}$$

由上式可知，连续信号 $f(t)$ 可以展开为 $\mathrm{Sa}(t)$ 的无穷级数，其系数等于 $f(nT_s)$。因此，利用 $f(nT_s)$ 与 $\mathrm{Sa}(t)$ 相乘之和可重建 $f(t)$。

5.2.2 仿真案例

案例 5.2.1 若 $x(t) = \cos(2\pi f t)$，其中 $f = 1/\pi$ Hz，使用 MATLAB 仿真信号的采样和恢复过程。绘出原始信号及其频谱，以及当采样频率 $\omega_s = \pi$、3π rad（即 $f_s = 0.5$、1.5 Hz）时的采样信号、信号频谱和所恢复信号及频谱。

案例分析： 对于信号的采样过程，在前面的案例中已经涉及，但对于信号的重建，之前的案例并未详细说明，信号重建的依据是式（5.2.2），在得到了信号的采样序列后，即可利用该式对信号进行重建。

参考代码：

```
%%%%%%%%%%%%%%%%%%%%%%%%%%%%%%%%%%%%%%%
ft=1/pi;                          %%%  原始信号的频率
dt=0.05;
t1=-20:dt:40;
xt=cos(2*pi*ft*t1);               %%%  原始信号
figure;
subplot(1,2,1);
plot(t1,xt);                      %%%  绘制原信号
grid on
axis([-8 8 -1.2 1.2]);
xlabel('t');ylabel('x(t)');
title('Original signal');
N=500;
k=-N:N;
W=pi*k/(N*dt);
Fw=xt*exp(-j*t1'*W)*dt;           %%%  傅里叶变换的数值计算
subplot(1,2,2);
plot(W,abs(Fw));                  %%%  绘制原信号的幅值频谱
grid on;
axis([-10 10 -0.2 25]);
```

```
xlabel('\omega');ylabel('X(\omega)');
title('Amplitude spectrum of original signal');

%%%%%% 以下为对原信号的采样
fs=1.5;                          %%%   采样率
ts=1/fs;
t2=-20:ts:40;                    %%%   采样时间序列
fxt=cos(2*pi*ft*t2);             %%%   采样信号
figure;
subplot(2,2,1);
plot(t1,xt,':');                 %%%   绘制采样序列的包络
hold on;
stem(t2,fxt);                    %%%   绘制采样信号
grid on
axis([-8 8 -1.2 1.2]);
xlabel('t');ylabel('fx(t)');
title('samples');hold off;
W2=pi*k/(N*ts);
Fsw=fxt*exp(-j*t2'*W2)*ts;       %%%   根据采样序列进行傅里叶变换
subplot(2,2,2);
plot(W2,abs(Fsw));               %%%   绘制采样序列的幅值频谱
axis([-10 10 -0.2 25]); grid on;
xlabel('\omega'),ylabel('Fs(\omega)');
title('Amplitude spectrum of samples');
%%%%%%%%   以下为信号重建
wm=2;
wc=1.2*wm;                       %%%   低通滤波器截止频率
n=-100:100;
nTs=n*ts;
fnTs=cos(2*pi*ft*nTs);           %%%   原信号采样值
t=t1;
ft=ts*wc/pi*fnTs*sinc((wc/pi)*(ones(length(nTs),1)*t-nTs'*ones(1,length(t))));
                                 %%%   用 Sa( )信号对采样信号进行恢复
subplot(2,2,3);
plot(t,ft);                      %%%   绘制回复的信号
grid on
axis([-8 8 -1.1 1.1]);
xlabel('t');ylabel('f(t)');
title('Recovery of signal x(t)');
FF=ft*exp(-j*t'*W)*dt;           %%%   计算回复信号的频谱
subplot(2,2,4);
plot(W,abs(FF));                 %%%   绘制回复信号的幅值频谱
axis([-10 10 -0.2 25]); grid on
xlabel('\omega');ylabel('F(\omega)');
title('Amplitude spectrum of recovery signal')
```

原始信号及得到的重建信号分别如图 5-7 至图 5-9 所示。

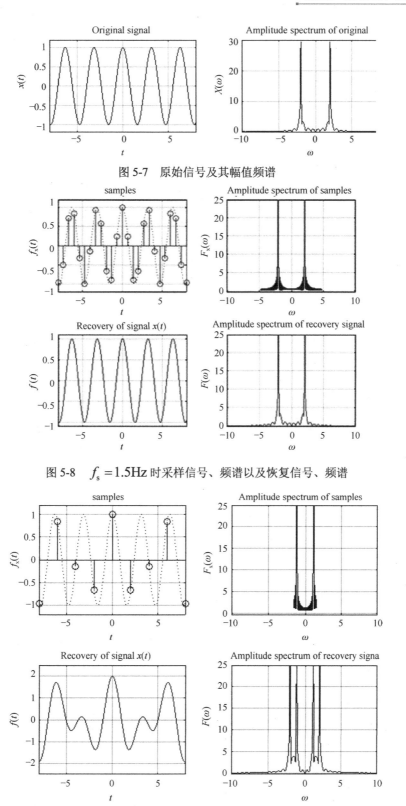

图 5-7 原始信号及其幅值频谱

图 5-8 $f_s = 1.5\text{Hz}$ 时采样信号、频谱以及恢复信号、频谱

图 5-9 $f_s = 0.5\text{Hz}$ 时采样信号、频谱以及恢复信号、频谱

信号 $f(t)=\cos(2\pi ft)$ 的 截 止 频 率 为 $f_{\mathrm{m}}=f=1/\pi\,\mathrm{Hz}$ ， 则 有 采 样 频 率 $f_{\mathrm{s}}=1.5\,\mathrm{Hz}>2f_{\mathrm{m}}=2/\pi\,\mathrm{Hz}$ ，$f_{\mathrm{s}}=0.5\,\mathrm{Hz}<2f_{\mathrm{m}}=2/\pi\,\mathrm{Hz}$ 。对比图 5-8 与图 5-9 可知，$f_{\mathrm{s}}=1.5\mathrm{Hz}$ 时，采样频率足够大，采样信号的频谱未发生重叠，保留了原连续信号的全部信息，可以较好地重建信号；而 $f_{\mathrm{s}}=0.5\mathrm{Hz}$ 时，采样频率较小，采样后的频谱发生了重叠，因此重建后的信号与原始信号有较大的误差。

案例 5.3.2 若 $f(t)=\cos\left(2\pi\dfrac{K}{2}t^2\right)$，其中调频斜率 $K=50$，使用 MATLAB 软件编程仿真信号采样和恢复过程。首先绘出原始信号及频谱，然后结合仿真结果分析当采样频率为 $\omega_{\mathrm{s}}=100\pi$、$300\pi\,\mathrm{rad}$（$f_{\mathrm{s}}=50$、$150\mathrm{Hz}$）时的采样信号和频谱图。

案例分析： 本案例所给信号具有二次相位，是一种线性调频信号，这种信号的典型特点是具有大带宽，其带宽与调频率和信号持续时间成正比。这种信号在雷达高分辨探测、雷达成像等领域有广泛的应用。在该信号中，引入了带宽来描述信号。仿真中可以限定信号的作用时间。

参考代码：

```
%%%%%%%%%%%%%%%%%%%%%%%%%%%%%%%%%%%%
dt=0.001;                              %%%  时间步进量
t1=-1:dt:1;
K=50;                                  %%%  调频斜率
B=K*(max(t1)-min(t1));                 %%%  信号带宽
ft=cos(2*pi*K/2*t1.^2);                %%%  原始信号
figure; subplot(1,2,1);
plot(t1,ft);                           %%%  绘制原信号
grid on;
axis([min(t1) max(t1) -1.5 1.5]);
xlabel('Time(sec)'),ylabel('f(t)');
title('Original signal');
N=length(t1);
k=-N:N;
W=pi*k/(N*dt);
Fw=dt*ft*exp(-j*t1'*W);                %%%  傅里叶变换的数值计算
subplot(1,2,2);
plot(W,abs(Fw));                       %%%  绘制原信号的幅值频谱
grid on
axis([-2*pi*B 2*pi*B -0.01 1.1*max(abs(Fw))]);
xlabel('\omega'),ylabel('F(w)');
title('Amplitude spectrum of original signal');
fs=50;                                 %%%  设置采样频率
Ts=1/fs;                               %%%  采样间隔
t2=-1:Ts:1;
fst=cos(2*pi*K/2*t2.^2);               %%%  信号采样序列
figure;
subplot(2,2,1);
plot(t1,ft,':');                       %%%  采样序列的包络
```

```
hold on;
stem(t2,fst);grid;                                      %%%    绘制采样序列
axis([min(t1) max(t1) -1.5 1.5]);
xlabel('Time(sec)'),ylabel('fs(t)');
title('Signal after sampling');hold off
W2=pi*k/(N*Ts);
Fsw=Ts*fst*exp(-j*t2'*W2);                              %%%    计算采用序列的频谱
subplot(2,2,2);
plot(W2,abs(Fsw));                                      %%%    绘制采样序列的幅度谱
grid on;
axis([-2*pi*B 2*pi*B -0.01 1.1*max(abs(Fw))]);
xlabel('\omega'),ylabel('Fs(w)');
title('Amplitude spectrum of samples')
wm=2*pi*B/2;
wc=1.2*wm;                                              %%%    信号重建的低通截止频率
n=-1000:1000;
nTs=n*Ts;
fnTs=cos(2*pi*K/2*nTs.^2);                              %%%    信号采样序列
t=t1;
ft1=fnTs*Ts*wc/pi*sinc((wc/pi)*(ones(length(nTs),1)*t-nTs'*ones(1,length(t))));
                                                        %%%    基于 Sa( )信号恢复信号
subplot(2,2,3);
plot(t,ft1);                                            %%%    绘制重建信号
grid on;
axis([min(t1) max(t1) -1.5 1.5]);
xlabel('Time(sec)'),ylabel('x(t)');
title('Recovery of signal f(t)');
FF=ft1*exp(-j*t'*W)*dt;                                 %%%    计算重建信号的频谱
subplot(2,2,4);
plot(W,abs(FF));                                        %%%    绘制重建信号的幅值频谱
grid on
axis([-2*pi*B 2*pi*B -0.01 1.1*max(abs(FF))]);
xlabel('\omega'),ylabel('Xs(w)');
title('Amplitude spectrum of recovery signal');
```

在不同的采样频率下，对信号采样，并进行信号重建，原信号及得到的重建信号分别如图 5-10 至图 5-12 所示。图 5-10 给出了原信号的时域波形和对应的幅值频谱。

本案例信号 $f(t)=\cos\left(2\pi\dfrac{K}{2}t^2\right)$ 的带宽为 $B=KT$，其中 T 为信号持续时间，本案例中为 2s，理论上的信号带宽为 100Hz。简单起见，带宽可以简单认为是最高频率与最低频率的差（工程应用中有很多的定义和规则，如 3dB 带宽等）。从图 5-10 可以看出，该信号的带宽范围为 0～300rad，与理论的 100Hz 基本一致。

图 5-11 和图 5-12 分别给出了采样频率为 150Hz 和 50Hz 时的仿真结果。

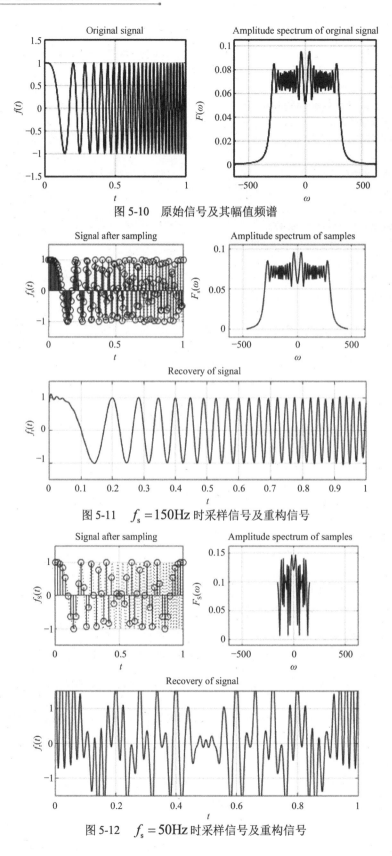

图 5-10　原始信号及其幅值频谱

图 5-11　$f_s = 150\text{Hz}$ 时采样信号及重构信号

图 5-12　$f_s = 50\text{Hz}$ 时采样信号及重构信号

从前文的理论分析和本案例的仿真结果都可看出，所给信号的截止频率为 $f_m = 50\text{Hz}$，那么可知采样频率 $f_s = 150\text{Hz} > 2f_m = 100\text{Hz}$、$f_s = 50\text{Hz} < 2f_m = 100\text{Hz}$。对比图 5-11 与图 5-12 可知，$f_s = 150\text{Hz}$ 时，采样频率足够大，可以较好地重建信号；而 $f_s = 50\text{Hz}$ 时，采样频率较小，采样后的频谱发生了重叠，因此重建后的信号与原始信号有明显的差异，用不满足采样定理的采样序列去重构信号，必然会引入信号失真，甚至无法重构原信号。

在采样定理中，要求采样频率大于信号最高频率的两倍，当信号频谱不是从 0 频开始时（虽然具有很大的最高频率，但带宽有限且远小于最高频率），采样中如果不满足采样定理，将导致频谱的混叠，但这时的混叠如果仅是表现为位置的搬移，是否可以通过信号处理的方法把信号频谱重新回到准确位置？读者可以思考，采样频率与信号带宽之间的约束关系。

案例 5.3.3 若 $f(t) = \text{Sa}(t)$，其频谱为 $F(\omega) = \begin{cases} \pi & |\omega| \leq 1 \\ 0 & |\omega| > 1 \end{cases}$，则其截止频率 $\omega_m = 1$。当采样频率 $\omega_s = 3\omega_m$ 或更低时，使用 MATLAB 编程仿真信号的恢复过程，计算重建信号与原信号的误差，并分析不同采样频率下的结果。

案例分析：前面的案例中已经给出了信号重建的实现，尽管信号的形式不同，信号重建的思路是一致的。本案例主要是对不同的采样频率下的信号重建效果进行对比，根据信号重建的效果直观体现不同的采样频率对于采样过程的影响。

参考代码：

```
%%%%%%%%%%%%%%%%%%%%%%%%%%%%%%%%%%%%%
wm=1;                              %%%  信号截止频率
Ts1=2*pi/wm;                       %%%  采样间隔
Ts2=2*pi/(3*wm);                   %%%  采样间隔
wc=1.2*wm;                         %%%  滤波器截止频率
N=500;
n=-N:N;
nTs1=n.*Ts1;
nTs2=n.*Ts2;
fnTs1=sinc(nTs1/pi);               %%%  信号采样序列
fnTs2=sinc(nTs2/pi);               %%%  信号采样序列
Dt=0.005;                          %%%  恢复信号的时间间隔
t=-10:Dt:10;                       %%%  恢复信号范围
fa1=fnTs1*Ts1*wc/pi*sinc((wc/pi)*(ones(length(nTs1),1)*t-nTs1'*ones(1,length(t))));
                                   %%%  信号恢复
fa2=fnTs2*Ts2*wc/pi*sinc((wc/pi)*(ones(length(nTs2),1)*t-nTs2'*ones(1,length(t))));
                                   %%%  信号恢复
error1=abs(fa1-sinc(t/pi));        %%%  恢复信号与原信号误差
error2=abs(fa2-sinc(t/pi));        %%%  恢复信号与原信号误差
ft=sinc(t/pi);                     %%%  原信号
figure;
subplot(5,1,1);
plot(t,ft);                        %%%  绘制原信号波形
xlabel('t');ylabel('f(t)');
axis([-10 10 -1 3])
```

```
title('Original signal Sa(t)');
grid;
subplot(5,1,2);
plot(t,fa1);                        %%%  绘制重建信号 1
xlabel('t');ylabel('fa1(t)');
axis([-10 10 -1 3])
title('Recovery of Sa(t) when ws=wm');
grid;
subplot(5,1,3);
plot(t,fa2);                        %%%  绘制重建信号 2
xlabel('t');ylabel('fa2(t)');
axis([-10 10 -1 3])
title('Recovery of Sa(t) when ws=3wm');
grid
subplot(5,1,4);
plot(t,error1);                     %%%  绘制回复信号 1 的误差
xlabel('t');ylabel('error1(t)');
title('Error between recovered signal and original signal when ws=wm')
subplot(5,1,5);
plot(t,error2);                     %%%  绘制回复信号 2 的误差
xlabel('t');ylabel('error2(t)');
title('Error between recovered signal and original signal when ws=3wm')
```

该程序对两种不同的采样频率同时编程实现，故程序中存在两个重建信号，案例中原信号、恢复信号及重建误差如图 5-13 所示。

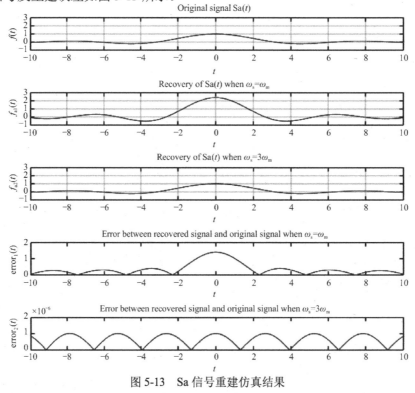

图 5-13　Sa 信号重建仿真结果

由图 5-13 可知，当采样 频率 $\omega_s = \omega_m$ 时，即采样频率不满足采样定理时，由此重建的信号与原始信号之间的绝对误差很大，造成了较大的失真。而当采样频率 $\omega_s = 3\omega_m$ 时，此时误差已经控制在了 10^{-5} 内，几乎可以忽略不计。因此，在满足采样定理时，信号可以很好地被重建出来，当不满足采样定理时，信号重建结果会存在很多的误差。

5.2.3　仿真练习

　　结合采样定理，用 MATLAB 编程实现 $\frac{1}{2}\mathrm{Sa}^2\left(\dfrac{t}{2}\right)$ 信号经冲激脉冲采样后得到的采样信号 $f_s(t)$ 及其频谱，并利用 $f_s(t)$ 重构 $\frac{1}{2}\mathrm{Sa}^2\left(\dfrac{t}{2}\right)$ 信号。

第6章　基于罗兰C信号的综合仿真

在前文介绍信号与系统课程主要的原理以及对原理的仿真验证的基础上，本章结合实际的罗兰C信号的特点，综合利用信号与系统课程的知识，开展综合仿真，使读者对所学知识的用途有更直观的认识。本章的综合仿真具体包括了罗兰C信号仿真、回波信号干扰去除。在具体的处理中，将综合利用时域、频域等不同的域对信号进行分析，通过对罗兰C信号的处理，增强读者解决实际问题的能力。

6.1 背景知识

本章内容具有实际的应用背景，我们通过给出这个实例来说明信号与系统中所涉及主要知识点的综合应用，由于罗兰C系统本身不是信号与系统的内容，为了使读者容易理解本章内容，首先对罗兰C信号与导航系统进行简要说明。

6.1.1 罗兰C的背景知识

罗兰C导航系统是目前仍然在用的一种超视距的导航定位系统，尤其是在海上导航中有广泛的应用。近些年来，罗兰C在航线导航、航空交通管制、气象预测、无源探测等领域都得到了一定的应用，罗兰C系统采用的导航信号即为罗兰C信号。

罗兰C导航系统是一种由地面无线电发射台和航行体上接收机组成的远程无线电导航系统，最早由美国在罗兰A的基础上开发建设的。用户通过测量来自不同发射台的信号到达接收机的时间差，并基于双曲线定位原理进行导航定位。从20世纪70年代后期开始，随着数字电路技术的飞速发展,许多国家陆续地在本国的沿海地区建立罗兰C导航系统,如俄罗斯、加拿大、法国、日本等国家，目前罗兰C导航系统已经覆盖了北半球的大部分地区。我国也在沿海地区建有自己的罗兰C导航系统，即"长河二号"导航系统，分布在沿海各省，覆盖了我国的大部分海域。我国在沿海地区建有完备的罗兰C导航系统，包括三个台链、多个发射站台和多个检测站台。

罗兰C信号是一种低频的无线电信号，其信号格式经过反复设计，与常见的民用电磁信号，如广播电台信号、电视信号和移动通信信号等相比，罗兰C信号具有固定的信号格式、较强的发射功率，在传播过程中受到地杂波或海杂波的干扰较少。其沿地球表面传播时，具有较小的传播衰减，并受到较小的杂波干扰，从而能够达到上千千米的传输距离。

罗兰C信号是一种周期性脉冲信号，其一个脉冲的数学表达式为：

$$x_0(t) = \begin{cases} 0 & t < \tau \\ A(t-\tau)^2 \exp\left[\dfrac{-2(t-\tau)}{65}\right] \sin(0.2\pi t + pc) & t \geq \tau \end{cases} \quad (6.1.1)$$

式中，A 表示天线电流峰值幅值的归一化值；t 表示时间；τ 表示包周差（ECD），单位为 μs；pc 表示相位编码参数，单位为弧度，当正相位编码时，该参数为0，当负相位编码时，该参数为 π。单个罗兰C信号脉冲的时域波形如图6-1所示，由罗兰C 信号脉冲的时域波形可以看出，罗兰 C 信号的包络形状与水滴十分相似，即具有非常陡的上升前沿以及非常缓的下降后沿，使得信号脉冲到达峰值点的时间约为 65 μs，而总的脉冲宽度约为 250 μs。这样的信号包络形状能够使得罗兰 C 导航系统具有较高的测量精度和较强的抗干扰能力。

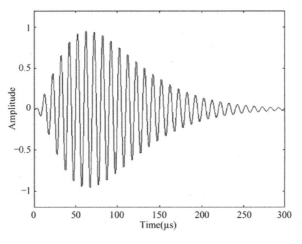

图 6-1　罗兰 C 信号脉冲波形

罗兰 C 信号脉冲的频谱如图 6-2 所示。从罗兰 C 信号脉冲的频谱可以看出，罗兰 C 信号具有较窄的带宽，信号能量都集中在载频 100kHz 附近，即 90~110kHz 的工作频率范围内，从而可以减小罗兰 C 信号与其他无线电信号之间的相互干扰，保证了信号传输的稳定性。另一方面，罗兰 C 信号以地波的形式进行传输，在传输过程中因地表或海面对信号的吸收会产生衰减，大量的理论研究和试验表明，罗兰 C 信号所在频段的电磁波具有的衰减较小，相对于高频段的民用电磁信号具有更远的传输距离。

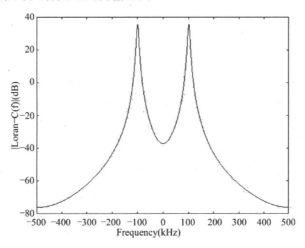

图 6-2　罗兰 C 信号脉冲的频谱

通过对罗兰 C 信号脉冲、频谱的分析，可以看出罗兰 C 信号具有以下几个特点。

（1）罗兰 C 信号的信号幅值和相位在传播时比较稳定，不易发生失真。

（2）罗兰 C 信号以地波进行传输时，地面或海面产生的衰减较小，能达到上千千米的传播距离。

（3）罗兰 C 信号具有较窄的带宽，与其他无线电信号之间的相互干扰较小。

这些特点使得罗兰 C 信号能够用于远程高精度的定位。

6.1.2 罗兰 C 导航系统

在罗兰 C 导航系统中，协同工作的多个站台统称为一个台链。一个台链一般由一个主发射站台、两个副发射站台和一个监测站台组成，这些站台分布在不同的位置。在实际工作中，相同台链中所有发射站台所发射的信号都具有相同的脉冲组重复周期（GRI），而不同台链进行工作时可能采用不同的 GRI，所以 GRI 往往也作为不同台链的标示符。发射站台在发射信号之前，需要对罗兰 C 信号脉冲组进行相位编码，所采用的编码方式为 8 位码长的二相二周期全互补码。相邻两个 GRI 的脉冲组信号采用不同的编码方式，即奇数周期（AGRI）和偶数周期（BGRI），这样便于在接收机中对信号进行自动搜索，在一定程度上抑制天波干扰。在一个台链中，主站台和副站台的发射信号中每个脉冲组具有不同的脉冲数量，也采用不同的编码方式。表 6-1 列出了罗兰 C 信号的相位编码，其中"+"表示信号脉冲的相位编码参数为 0，"−"所示信号脉冲的相位编码参数为 π。主站台发射的奇数周期的脉冲组信号波形如图 6-3 所示。图中的脉冲串包括了 9 个脉冲，最后一个脉冲的间隔与前面的脉冲的间隔不同。

表 6-1 罗兰 C 系统的信号编码

脉 冲 组	主 台	副 台
AGRI（奇数周期）	++−+−++	+++++−+
BGRI（偶数周期）	+−−+++++−	+−+−++−

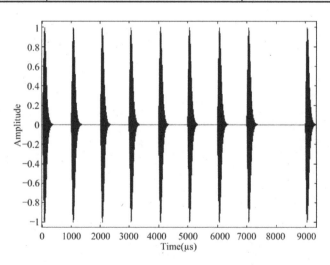

图 6-3 主站台发射的奇数周期脉冲组信号波形

1. 系统组成

罗兰 C 导航系统主要由发射设备、接收设备及同步监测与控制设备三部分组成，完成信号的发射、接收及同步等操作。

（1）发射设备

作为罗兰 C 导航系统的核心组成部分，发射设备布置于固定位置的发射站台，由时频分发装置、固态发射机和发射天线组成，主要完成信号的定时发射、信号波形的调整和控制等工作。时频分发装置的主要功能是为系统提供时间频率基准，输出 5MHz 的频率信号，保证所产生罗兰 C 信号的稳定性，减小失真；固态发射机的主要功能是生成特定格式的标准罗兰 C 信号，并保证信号的稳定、精确及功率强度，然后通过发射天线发射信号。

（2）接收设备

罗兰 C 导航系统的接收设备主要功能是接收不同发射站台发射的罗兰 C 信号，并精确测量不同站台信号到达接收机的时间差，并将其转换为不同站台信号传输路径的距离差。在实际工作时，接收设备通过测量不同站台所发射信号到达接收机的时间差值，并根据各个站台发射信号的相对时间，计算出不同站台所发射信号的传播时间差值，以便于后续处理。

（3）同步监测与控制设备

为了精确地实现导航和定位，罗兰 C 导航系统要保证同一台链内的所有发射站台保持时间上的同步。由于接收信号时的地理位置是随机的，所以同一台链内的各个站台发射信号时彼此间要保持一定的时间延迟，这样才能保证在任何位置对各个站台的发射信号进行接收时，各个站台的信号不发生重合或干扰。同步监测与控制设备的主要功能就是监视并控制同一台链中各个站台同步工作，保证实际的发射信号时间延迟在安全范围内。在实际工作时，各个监测部分协同监测同一台链中各个站台发射信号的时间差，以及工作频标之间的频率差，然后系统根据监测结果实时对各个站台进行调整。

随着电子技术和计算机技术的不断发展，罗兰 C 导航系统的设备得到了不断完善，比如接收设备配置了微处理器，提高了信号处理的速度和精度，许多操作都实现了自动化；随着罗兰 C 导航系统的覆盖范围不断扩展，多个台链之间常常存在重叠现象，这也导致了多个台链协同定位技术的快速发展；随着数字信号处理技术在罗兰 C 导航系统的应用，系统对噪声或干扰信号的抑制能力增强，系统的工作性能得到了明显的提升，可靠性也得到了有效的改善。

2. 定位原理

在实际工作中，罗兰 C 导航系统要求同一台链中的各个站台相互配合，协同工作完成导航或定位任务。相同台链中各个站台的地理位置需要合理配置，常见的台链配置有三角形、Y 形和星形三种，其中三角形台链配置最简单，而 Y 形和星形台链配置较为复杂。我国的"长河二号"导航系统共有三个台链，分别部署在南海、东海和北海沿岸，并都采用三角形台链配置方案，每个台链都配有一个主发射站台、两个副发射站台和一个监测站台。

罗兰 C 导航系统所选用的定位原理为：用户在某个地点接收同一台链主、副台发射的罗兰 C 信号，并测量不同站台信号在空间传输的时间差值，并将时间差转换为传输路径的距离差。由一个距离差可以得到以发射站台为焦点的一条双曲线，而用户就是处于该条双曲线上的一点，如图 6-4 所示。由于一个台链中存在多个站台，所以用户就可以确定多条双曲线，通过求解多条双曲线的交点，就可以获得用户所在位置。在罗兰 C 导航系统中，同一台链中的不同站台发射信号保持一定的时间延迟，可以保证主发射站台发射的信号总比副发射站台发射的信号先到达接收机，从而可以消除双曲线多值性问题，减小定位的难度。

3. 罗兰 C 的干扰因素

虽然罗兰 C 信号具有非常好的信号特性，但当采用罗兰 C 信号进行导航、定位时，也会受到许多环境因素的影响，以及窄带信号、天波等干扰。针对实际工作中遇到不同干扰，罗兰 C 导航系统采用多种信号处理方法来提高性能。重要的信号处理方法有：抑制窄带干扰技术、天波延迟估计算法等处理方法。

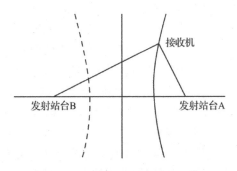

图 6-4　罗兰 C 导航系统定位示意图

在无线电通信系统中，窄带干扰（Narrow-Band Interference）是常见干扰之一，由于其在频域占用的带宽较小，故称作窄带干扰。窄带干扰往往具有较高的信号强度，造成有用信号淹没在干扰信号之中，从而系统无法对有用信号进行处理，使其工作性能受到了影响，如何从宽带信号中消除窄带干扰一直是现代通信系统中信号处理需要解决的重要技术问题，虽然罗兰 C 信号具有较窄的频谱带宽，但罗兰 C 导航系统中仍然需要进行窄带干扰抑制。罗兰 C 导航系统曾经采用固定频率值的模拟陷波器来抑制窄带干扰，这种方法存在许多缺陷，比如陷波器的频率值和数量是固定的，硬件设计及实现非常复杂，并且具有较差的精度和稳定性。随着数字信号处理技术的发展，罗兰 C 导航系统引入了自适应滤波技术，该方法能够有效地抑制各种窄带干扰。

罗兰 C 信号在传播过程中会受到天波的干扰。信号经过发射天线发射后，向天空各方向传播，然后经过电离层折射或反射后返回地表的信号，称作天波。天波到达接收机的时间往往要滞后于地波信号到达的时间，具体的延迟时间取决于接收地点的具体位置、气候条件，以及接收信号的时间等因素，一般情况下为 30～60μs。为了消除天波对信号处理的影响，罗兰 C 导航系统一般选取罗兰 C 信号脉冲第三个载频周期的过零点进行检测，由于该点附近信号振荡的幅值较低，所以当接收信号的信噪比不理想时，测量结果会存在较大误差。在实际应用中，罗兰 C 导航系统需要对天波到达接收机相对于地波信号到达接收机的时间延迟进行估计，然后尽量选取天波到达之前的最后一个过零点进行检测，从而减小测量误差。常用的天波延迟估计方法有 AR 谱估计、MUSIC 谱估计等时间谱估计方法和 IFFT 估计方法，这些方法都能够对天波到达接收机的延迟时间进行有效估计。

4. 罗兰 C 信号处理

作为一种长波信号，罗兰 C 信号在传输过程中受到地杂波或海杂波的干扰较小，而受到天波的干扰较大，所以接收信号中主要存在直达波、天波、大型障碍物导致的目标回波等成分。由于障碍物回波的传输路径相对于直达波较远，而且目标对于罗兰 C 信号的散射截面积较小，所以障碍物回波强度远小于直达波和天波。在导航应用中，系统利用直达波，需要抑制其他成分，而在无源探测中，需要利用目标回波，抑制直达波和天波等成分。

6.1.3　罗兰 C 系统接收信号分析

在对罗兰 C 信号进行强干扰抑制之前，需要对接收信号的组成进行研究，分析不同信号成分的来源、特性及作用，从而研究干扰信号的抑制方法。在以上的理论分析的基础上，可以看出接收信号的主要组成包括：来自各个站台的直达波、各个站台发射信号产生的天波、目标回波和噪声及其他干扰。下面分别对这些成分进行分析。

1. 直达波

当接收机进行罗兰 C 信号接收时，因为直达波的传播路径最短，所以接收机最先收到的信号就是来自各个站台的直达波。虽然不同台链发射信号时采用不同的脉冲组重复周期，但为了保证各个台链在工作时互相不产生干扰，罗兰 C 导航系统一般将不同台链布置在相距较远的不同地方。从而用户对罗兰 C 信号进行接收时，来自所选用台链（即距离用户最近的台链）的直达波强度最高，而其他台链的直达波强度要远远低于所选用台链的信号。所以在接收信号中，来自最近台链的直达波强度最高，而且到达接收机的时间最早。虽然同一台链中各个站台之间相距较近，但各个站台在发射信号时彼此之间设置有较大的时间延迟，能够保证相互之间不存在干扰，所以接收信号中来自各个站台的直达波彼此之间也存在较长的时间延迟，可以分离开来单独进行处理。直达波的传播路径是由发射站台到接收机，而目标回波的传播路径是从发射站台到目标，再由目标到接收机，所以当目标与发射站台、接收机相距较远时，直达波的传输距离要远小于目标回波的传播距离，进而接收信号中直达波的强度要远强于目标回波。在利用罗兰 C 信号进行无源探测时，直达波不再是期望处理的信号，严重影响了目标回波的处理及目标检测，需要对其进行抑制。

2. 天波

罗兰 C 信号工作在低频段，载频只有 100kHz，虽然采用地波的形式进行传播，但也会存在天波的传播方式。其中地波传播方式是沿地球表面向接收地点进行传播，传播路径较短，而天波传播方式则是信号向空中传播后经电离层反射到达接收地点，传播路径较长，如图 6-5 所示。但当传播距离相同时，天波传播相对于地波传输发生的衰减较小，所以接收信号中天波与直达波的强度在同一个数量级上。

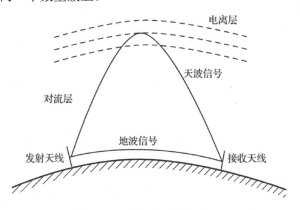

图 6-5 罗兰 C 信号传播路径

与直达波相同，在罗兰 C 导航系统的接收信号中天波由各个站台的发射信号产生，具有较强的强度。单个站台发射信号产生的天波往往滞后于直达波数十微秒到达接收地点，并且强度与直达波的强度比较接近，但天波滞后的时间和强度很难确定，受到电离层高度、大气折射指数等许多因素的影响。

无线电信号在电离层发生反射的高度不仅与信号频率有关，而且还与信号发射时太阳光线的强度有关。以罗兰 C 信号为代表的低频信号发生反射的高度会随着光线强度的增强而升高，并随着光线强度的减弱而降低。在不同季节中，太阳天顶角和光照强度会发生不同的变化，低频信号发生电离层反射的高度也会发生季节性的变化。

在自由空间中，大气折射系数会随着高度的变化而变化，所以罗兰 C 信号在以天波的形式进行传播时会受到大气折射系数变化的影响，从而产生附加的传播时间延迟和衰减。针对大气折射对罗兰 C 信号传输的影响，罗兰 C 导航系统通过大量的数据统计与理论分析，对测量的地波到达时间进行 ASF 参数修正，但如何对天波进行修正却缺少足够的数据及理论分析支撑。由于传播高度的不同，采用与地波相同的修正方法对天波进行修正时不可避免地会存在误差。

综上所述，天波是接收信号的主要组成部分，具有较强的信号强度，对目标回波形成了严重干扰。不同于直达波，天波受环境的影响较大，具有一定的随机性，很难根据发射功率、站台位置等先验知识对其到达时间、信号强度等工作参数进行预测。在进行信号分析和处理中，天波信号的估计和去除是一项重要的工作。

3. 目标回波

虽然罗兰 C 信号具有较低的载频，对于小型目标而言，几乎不会发生散射现象，但对于大型目标，仍然存在一定的散射现象。目标回波是由各个站台的发射信号经过目标反射或散射产生的，也是无源探测中期望处理的信号成分。一方面，由于目标回波由发射站台传播到目标位置，再由目标位置传播到接收机，具有较远的传输距离，而且罗兰 C 信号存在较弱的散射现象，所以即使各个发射站台的信号发射功率很大，但接收机收到的目标回波强度依然十分微弱，远小于直达波、天波。另一方面，目标回波到达接收机的时间必定滞后于直达波，所以目标回波可能淹没在直达波或天波中，很难直接通过过零点检测的方法对其进行时间延迟测量。现有的无源探测系统为了获取目标信息，都要对接收信号中的干扰成分进行抑制，从而提取目标回波进行处理。当罗兰 C 信号用于导航和无源探测等用途时，同样需要进行强干扰的抑制。

4. 噪声及其他干扰

当罗兰 C 信号用于无源探测时，接收信号中还不可避免地存在噪声及其他干扰。经过多年的发展，罗兰 C 导航系统的信号处理技术已经非常成熟，对于噪声及其他常见干扰已经有许多有效的处理措施。所以采用罗兰 C 导航系统的接收机进行信号接收时，噪声及其他干扰已经得到了有效抑制，对目标回波的处理过程具有很小的影响。

5. 实测数据

下面结合实测数据，对实际应用中接收信号的组成进行分析。实测数据中一个脉冲组信号的波形和频谱分别如图 6-6 和图 6-7 所示，而单脉冲的时域波形如图 6-8 所示。实测数据是通过罗兰 C 导航系统接收机获得的，所选取的接收地点位于陕西兴平，距离沿海地区的发射站台非常远，时间为 2014 年 7 月。实测数据中的直达波来自位于陕西蒲城的发射站台，该发射站台不属于"长河二号"导航系统，专门用于研究或试验，发射信号的脉冲组重复周期为

0.06s。

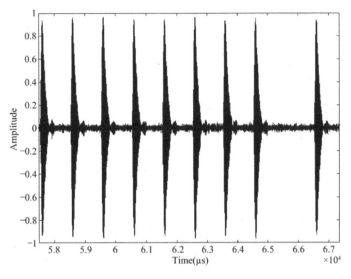

图 6-6　实测罗兰 C 数据

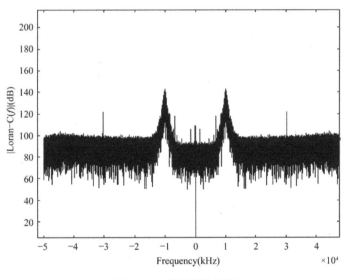

图 6-7　实测数据的频谱

标准罗兰 C 信号的信号波形如图 6-1 所示，通过比较可以看出，直达波的包络相对于标准罗兰 C 信号存在较严重的变形，这说明其中存在较强的干扰成分，这些干扰可能是天波信号，也可能是其他大型障碍物的回波，甚至可能为来自其他台链或发射台的信号。

从实测信号可以看出，相对于噪声干扰，所述接收信号中直达波、天波是强度较强的成分，所以在对目标回波进行处理前，需要对接收信号中强干扰成分进行抑制。

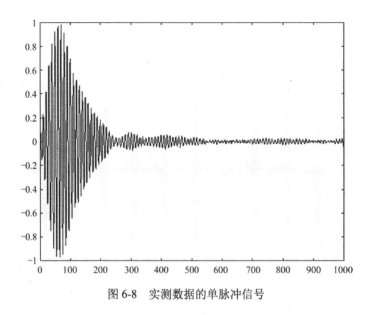

图 6-8 实测数据的单脉冲信号

6.2 仿真设计与实现

结合以上对罗兰 C 信号和系统的说明，通过查阅相关文献，开展以下仿真。

（1）用 MATLAB 软件仿真理想罗兰 C 信号。

（2）仿真接收机接收到的罗兰 C 信号，接收信号中包含直达波、天波、其他障碍物回波和噪声，不同信号的延迟时间和信号幅值可调。

（3）对罗兰 C 信号中不同的回波成分的延迟时间进行估计。

6.2.1 仿真分析

本章内容是结合实际系统进行的综合仿真，涉及了信号与系统课程中的信号描述、时间移位、傅里叶变换及逆变换、信号采样等内容。通过信号仿真，开展信号处理研究，为将来参与科研工作奠定坚实的基础。

对于罗兰 C 信号的仿真,首先我们可以根据前文所给出的表达式实现雨滴状的脉冲信号，实际系统中发射的罗兰 C 是周期信号，脉冲按照固定的重复周期发射，每 8 个（或 9 个）脉冲为一组，脉冲间的时间间隔为 1ms。对于接收机所接收到的信号，包含了沿地面传播的直达波、天波、大型障碍物回波和噪声，在到达时间上，直达波最先到达，天波其次，大目标回波最后，而噪声则是在整个仿真期间都存在的。在信号幅值上，天波和直达波具有相似的量级，两者一般远大于障碍物的回波幅值，噪声信号可以根据仿真设置来调节（如特定的信噪比），这样接收机所接收到的信号的形式如下：

$$x_c(t) = A_d x_0(t - \tau_d) + A_s x_0(t - \tau_s) + \sum_{i=1}^{N} A_{ti} x_0(t - \tau_{ti}) + n(t) \tag{6.2.1}$$

式中，$x_0(t)$ 表示标准罗兰 C 信号；A_d 和 τ_d 分别表示直达波的幅值和相对于接收机时间基准的到达时间延迟；A_s 和 τ_s 分别表示天波的幅值和相对于接收机时间基准的到达时间延迟；A_{ti} 和 τ_{ti} 分别表示第 i 个大障碍物（这里可以称为目标）回波的幅值和相对于接收机时间基准的到达时间延迟；$n(t)$ 表示噪声及其他干扰，可以用高斯白噪声来模拟。

上式中时间延迟值由罗兰 C 信号传播距离决定，可表示为：

$$\tau = {R_{\text{LC}}}\big/{c} \qquad (6.2.2)$$

式中，R_{LC} 为罗兰 C 信号到达接收机时传播的距离；c 为光速。

在得到接收信号后，要估计具有不同的延迟时间的信号，为后续的杂波抑制和目标定位奠定基础，其中的杂波抑制过程需要进行自适应滤波，超出了本课程的范围，我们给出一些处理思路，有兴趣的读者可以查阅相关文献进行尝试。

1. 信号时延估计

要估计信号的到达时间，如果信号足够强，并且不同来源的信号不重叠时可以直接通过信号检测的方法来估计信号的到达时间。显然在本案例中，天波与直达波会有一定的重叠，并且来自其他台链或来自大障碍物的信号幅值远小于直达波，甚至会淹没在噪声中，因此直接进行信号检测是不可行的。

这里我们给出两种实现信号延迟估计的方法：一种为信号相关法；另一种为傅里叶变换法。

信号相关方法利用标准的罗兰 C 信号与接收信号进行滑动相关，当标准信号滑动到回波信号的位置时，将在回波位置产生尖峰，从而将回波延迟估计问题转换为高相关性的检测问题。这种方法原理简单，但分辨率较低，延迟时间差别不大的信号难以有效区分。另外，对于一些被噪声严重污染的信号难以获得理想的估计结果。

傅里叶变换法通过频域加窗处理，可以得到较高的分辨率，而且该方法可以保留回波的幅值信息，所以本案例中重点介绍该方法来实现对回波信号的到达时间估计。下面就对傅里叶变换估计方法进行介绍。

上面已经给出了接收机所接收的罗兰 C 信号的模型，并且对于标准的罗兰 C 信号 $x(t)$，有以下的时频域关系：

$$x(t) \leftrightarrow X_0(f)$$

根据傅里叶变换的性质，有：

$$x(t-\tau) \leftrightarrow \mathrm{e}^{-\mathrm{j}2\pi f\tau} X_0(f)$$

对接收信号进行傅里叶变换，可以得到其在频域的表达式为：

$$X_{\text{c}}(f) = A_{\text{d}} X_0(f) \cdot \exp(-\mathrm{j}2\pi\tau_{\text{d}}) + A_{\text{s}} X_0(f) \cdot \exp(-\mathrm{j}2\pi\tau_{\text{s}})$$
$$+ \sum_{i=1}^{N} A_{\text{ti}} X_0(f) \cdot \exp(-\mathrm{j}2\pi\tau_{\text{ti}}) + N(f) \qquad (6.2.3)$$

其中 $X_{\text{c}}(f)$、$X_0(f)$、$N(f)$ 分别表示接收信号、标准罗兰 C 信号、噪声及其他干扰的傅里叶变换，即频域表达式。然后在频域将接收信号的频谱除以标准罗兰 C 信号脉冲的频谱，得到：

$$\frac{X_{\text{c}}(f)}{X_0(f)} = A_{\text{d}} \exp(-\mathrm{j}2\pi f\tau_{\text{d}}) + A_{\text{s}} \exp(-\mathrm{j}2\pi f\tau_{\text{s}})$$
$$+ \sum_{i=1}^{N} A_{\text{ti}} \exp(-\mathrm{j}2\pi f\tau_{\text{ti}}) + \frac{N(f)}{X_0(f)} \qquad (6.2.4)$$

利用单位冲激信号的傅里叶变换的结论和时移性质，最后对相除结果进行逆傅里叶变换，变换结果可以表示为：

$$F^{-1}\left[\frac{X_c(f)}{X_0(f)}\right] = A_d\delta(t-\tau_d) + A_s\delta(t-\tau_s) + \sum_{i=1}^{N}A_{ti}\delta(t-\tau_{ti}) + F^{-1}\left[\frac{N(f)}{X_0(f)}\right] \quad (6.2.5)$$

其中 $\delta(t)$ 表示理想的单位冲激函数。理论上，直达波、天波、目标回波都对应着各自的时域冲激信号，但由于直达波和天波的幅值远大于目标回波幅值，要进行目标的无源探测时，就需要对直达波和天波进行抑制处理，然后再检测目标回波并估计回波的时间延迟。如果是对接收机所在位置进行定位（如导航应用），则只需对天波和直达波的时间延迟进行估计即可。

对逆变换结果进行峰值检测即可确定直达波和天波的参数。但由于噪声及其他干扰的频谱往往分布于整个频率区间，而罗兰 C 信号具有较窄的带宽，能量主要集中在 90～110kHz 范围内，所以其与标准罗兰 C 信号频谱相除的结果在 90～110kHz 以外的频率区间也具有较高的幅值，影响参数估计结果，产生较大的误差。通过在频域对接收信号加窗处理，可以对带外的噪声及其他干扰进行抑制或消除，然后再将加窗后的频谱与标准罗兰 C 信号的频谱相除，得到：

$$\frac{X_c'(f)}{X_0(f)} = \left[A_d\exp(-j2\pi f\tau_d) + A_s\exp(-j2\pi f\tau_s) + \sum_{i=1}^{N}A_{ti}\exp(-j2\pi f\tau_{ti})\right]\cdot H(f) \quad (6.2.6)$$

式中，$X_c'(f)$ 表示接收信号经过频域加窗处理后的频谱；$H(f)$ 表示窗函数的傅里叶变换。然后对相除结果进行傅里叶逆变换，即可得到：

$$F^{-1}\left[\frac{X_c'(f)}{X_0(f)}\right] = A_d h(t-\tau_d) + A_s h(t-\tau_s) + \sum_{i=1}^{N}A_{ti}h(t-\tau_{ti}) \quad (6.2.7)$$

其中 $h(t)$ 表示窗函数的时域形式。经过频域加窗处理后，时延估计结果会受到所选取的窗函数的主瓣宽度、旁瓣高度等属性影响。虽然天波往往滞后于直达波数十微秒到达接收机，但也需要合理选择窗函数来保证时延估计结果的准确性。大量的研究和试验结果证明，利用汉宁窗函数进行频域加窗处理对信号延迟的估计就是一种较好的选择，这里我们不再讲述更多的窗函数，有兴趣的读者可以参阅其他文献，并且在 MATLAB 的帮助文档中也给出了多个典型的窗函数的表达式和应用示例。汉宁窗函数定义如下。

$$\omega(n) = 0.5\text{-}0.5\cos(2\pi n/M) \quad 0\leqslant n\leqslant M \quad (6.2.8)$$

汉宁窗函数又称作升余弦窗函数，可以看作三个矩形时间窗函数的频谱之和，具有较广泛的适用性。

对于接收信号的参数估计流程如图 6-9 所示，主要步骤包括傅里叶变换、频域加窗、频谱相除、傅里叶逆变换、时域检测。由于天波的延迟一般为数十微秒，小于罗兰 C 信号的脉冲宽度，当然也小于脉冲重复周期，进而单个直达波脉冲所对应的天波不会出现在下一个脉冲重复周期内，所以可以截取单个脉冲的信号进行参数估计，从而可以减小处理难度和运算时间。

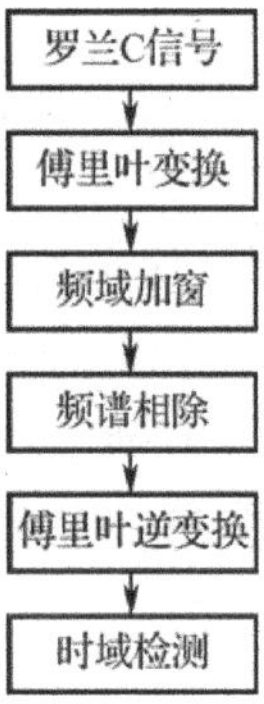

罗兰C信号

↓

傅里叶变换

↓

频域加窗

↓

频谱相除

↓

傅里叶逆变换

↓

时域检测

图 6-9 参数估计
方法流程图

2．杂波抑制

这里给出两种针对罗兰 C 信号的杂波滤除算法，以最小均方（LMS）误差滤波和梯度自适应格型（GAL）滤波算法作为参考，读者也可以尝试其他的杂波抑制方法。

在信号处理过程中，对离散或连续信号中噪声和干扰部分进行滤除，从而突出有用信号的过程称为滤波。针对不同的信号类型或噪声类型，往往需要采用不同的滤波算法才能达到较优的效果。假定信号和噪声都为广义平稳分布，并且两者的统计特性为已知的，可以通过迭代计算来求得满足最小均方误差条件的滤波参数，这种滤波算法称为维纳滤波算法。由于维纳滤波算法需要输入数据为广义平稳分布，并且要求统计特性的先验知识，所以在实际应用中受到了许多限制。自适应滤波算法是在维纳滤波算法基础上提出来的滤波算法，与维纳滤波算法不同，该算法不会受到输入数据广义平稳分布、先验知识已知等限制，通用性更强。自适应滤波算法的原理如图 6-10 所示。

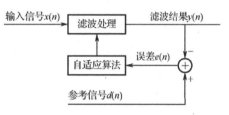

图 6-10　自适应滤波算法原理框图

自适应滤波算法对输入信号 $x(n)$ 进行滤波处理，并通过将参考信号 $d(n)$ 与滤波结果 $y(n)$ 比较得到误差 $e(n)$，并根据 $e(n)$ 按照一定准则对滤波参数进行调整，重复上述过程直到获取满足设定条件的滤波参数为止。

（1）最小均方（LMS）滤波算法

最小均方（LMS）滤波算法按照最小均方根误差准则进行滤波参数的调整，即不断根据滤波结果和参考信号之间的差值来调整滤波参数，使得滤波误差的均方根最小。LMS 滤波算法包含以下两个过程。

① 滤波过程。

计算线性滤波器对输入信号 $x(n)$ 的输出响应，即滤波结果 $y(n)$，可表示为：

$$y(n) = \hat{w}^{\mathrm{H}}(n)x(n) \tag{6.2.9}$$

其中 $\hat{w}(n)$ 表示权重参数。通过比较滤波结果 $y(n)$ 和参考信号 $d(n)$ 产生的误差 $e(n)$：

$$e(n) = d(n) - y(n) \tag{6.2.10}$$

② 自适应过程。

基于最陡下降法，根据误差调整滤波参数，即权重参数 $\hat{w}(n)$。权重参数更新方程为：

$$\hat{w}(n+1) = \hat{w}(n) + 2\mu e^*(n)x(n) \tag{6.2.11}$$

其中 μ 表示步长因子，是一个常数，取值范围为 0～1，其取值决定了 LMS 滤波算法的收敛速度及失调系数。当 μ 值较大时，LMS 滤波算法的收敛速度加快，失调系数增大，算法容易发散；当 μ 值较小时，算法具有较小的失调系数，不易发生发散，但其收敛速度很慢，对非稳态信号的跟踪能力差，所以要根据实际情况合理选择步长因子 μ 值。LMS 滤波算法的工作原理比较简单，并且具有较好的鲁棒性，广泛应用于雷达探测、通信等领域。

（2）归一化最小均方（NLMS）滤波算法

归一化最小均方（NLMS）滤波算法是在 LMS 滤波算法的基础上演变而来的，其在 LMS 滤波算法的基础上，根据输入信号的功率来改变步长因子，使得失调系数保持不变，与 LMS 滤波算法相比其具有更高的稳定性。NLMS 滤波算法的处理过程与 LMS 滤波算法是非常接近的，其区别在于 NLMS 滤波算法采用可变的步长因子来代替常量因子，从而增加滤波算法的收敛速度，减小发散现象。该算法步长因子可以表示为：

$$\hat{\mu}(n) = \frac{\mu}{\gamma + P_{\mathrm{W}}} \tag{6.2.12}$$

式中，P_{W} 表示信号的功率；γ 表示稳定因子，可以防止当输入信号功率较小时造成步长因子过大而产生发散现象，为一个正数。

（3）梯度自适应格型（GAL）滤波算法

梯度自适应格型（GAL）滤波算法是归一化最小均方（LMS）滤波算法的自然扩展。GAL滤波算法的处理过程主要由两部分组成：多级格型预测器和期望响应器。

① 多级格型预测器。

M-级格型预测器的示意图如图 6-11 所示，输入信号为 $x(n)$，作为前向预测和后向预测的初始值，即 $f_0(n) = b_0(n) = x(n)$。第 m 级的预测结果为：

$$f_m(n) = f_{m-1}(n) + k_m^* b_{m-1}(n-1), \qquad m = 1, 2, \cdots, M \tag{6.2.13}$$

$$b_m(n) = k_m f_{m-1}(n) + b_{m-1}(n-1), \qquad m = 1, 2, \cdots, M \tag{6.2.14}$$

式中，M 表示滤波器的级数；$f_m(n)$、$b_m(n)$ 分别表示第 m 级的前向预测误差和后向预测误差；k_m 表示第 m 级的反射系数，其递归关系式为：

$$\hat{k}_m(n) = \hat{k}_m(n-1) - \frac{f_{m-1}^*(n) b_m(n) + b_{m-1}(n-1) f_m^*(n)}{\phi_{m-1}(n)} \qquad m = 1, 2, \cdots, M \tag{6.2.15}$$

其中 $\phi_{m-1}(n)$ 表示能量估计值，其递推关系式为：

$$\phi_{m-1}(n) = \beta \phi_{m-1}(n-1) + (1-\beta)(|f_{m-1}(n)|^2 + |b_{m-1}(n-1)|^2) \tag{6.2.16}$$

M-级格型预测器将相关的输入序列 $x(n)$，转化为非相关的预测误差序列 $b(n)$，并作为期望响应器的输入，得到预测结果。

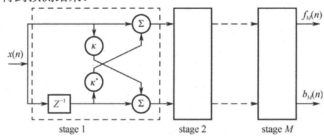

图 6-11　M-级格型预测器示意图

② 期望响应器。

期望响应器通过回归参数和后向预测误差的乘积来更新输出响应值，然后再由期望响应值得到估计误差，从而更新回归参数，不断逼近期望输出响应值。

输出响应的计算公式为：

$$y_m(n) = y_{m-1}(n) + \hat{h}_m^*(n) b_m(n) \tag{6.2.17}$$

式中，$\hat{h}_m^*(n)$ 表示回归参数，通过后向预测误差 $b_m(n)$ 和预测估计误差 $e_m(n)$ 得到。估计误差 $e_m(n)$ 由预测结果与基准信号 $d(n)$ 相减得到，即：

$$e_m(n) = d(n) - y_m(n) \tag{6.2.18}$$

其中 $d(n)$ 表示生成的基准信号。通过估计误差以及后向预测误差，就可以获得 m 阶回归参数的更新方程为：

$$\hat{h}_m(n+1) = \hat{h}_m(n) + \frac{\mu}{\left\|b_m(n)\right\|^2} b_m(n) e_m^*(n) \qquad (6.2.19)$$

其中 μ 同样表示步长因子，决定滤波算法的收敛速度和失调系数，取值范围为 0～1。

6.2.2 罗兰C信号仿真参考程序

这里给出罗兰C信号的仿真程序，其中仿真时间、信号周期、采样频率和信号的多普勒频率均可根据仿真要求进行调整。

```
tt=0.2;                              %%% 台链的脉冲组重复周期，单位为s
length=0.5;                          %%% 信号长度，单位为s
fs=1e6;                              %%% 采样频率
fd=0;                                %%% 多普勒频移，跟速度有关系
mm=round(fs/1000);                   %%% 设定每段波形间的间隔为1ms
ts=1000000/fs;                       %%% 采样点的时间间隔，单位为μs
out1=zeros(1,10*mm);                 %%% 奇数重复周期脉冲组(+ + - - + - + - +)
out2=zeros(1,10*mm);                 %%% 偶数重复周期脉冲组(+ - - + + + + + -)
output=zeros(1,length*fs);
f=100000;                            %%% 调制频率100kHz
nn=tt*fs;                            %%% 脉冲组重复周期转换为采样点数
x1=0; x2=0; x3=0;
yp=zeros(1,mm);                      %%% 正编码信号
yn=zeros(1,mm);                      %%% 负编码信号
for i=1:1:mm
    x1=(i*ts/65).^2;                 %%% 罗兰C信号的分解表示
    x2=exp(2*(1-i*ts/65));
    x3=sin(2*pi*i*(fd+f)/fs);
    yp(i)=x1*x2*x3;                  %%% 组合为罗兰C正编码信号
end
for i=1:1:mm
    x1=(i*ts/65).^2;
    x2=exp(2*(1-i*ts/65));
    x3=sin(2*pi*i*(fd+f)/fs+pi);
    yn(i)=x1*x2*x3;                  %%% 组合为罗兰C负编码信号
end
%%%%%%%%%%%%%%%%%%%%%%%%%
%% 产生奇数周期脉冲组信号
out1(1:mm)=yp(:);                    %%% 通过组合产生脉冲组信号
out1(mm+1:mm*2)=yp(:);
out1(mm*2+1:mm*3)=yn(:);
out1(mm*3+1:mm*4)=yn(:);
out1(mm*4+1:mm*5)=yp(:);
out1(mm*5+1:mm*6)=yn(:);
out1(mm*6+1:mm*7)=yp(:);
out1(mm*7+1:mm*8)=yn(:);            %%% 空出1ms表征脉冲组结束
out1(mm*9+1:mm*10)=yp(:);
%%%%%%%%%%%%%%%%%%%%%%%%%
```

```
%% 产生偶数周期脉冲组信号
out2(1:mm)=yp(:);                              %%%   通过组合产生脉冲组信号
out2(mm+1:mm*2)=yn(:);
out2(mm*2+1:mm*3)=yn(:);
out2(mm*3+1:mm*4)=yp(:);
out2(mm*4+1:mm*5)=yp(:);
out2(mm*5+1:mm*6)=yp(:);
out2(mm*6+1:mm*7)=yp(:);
out2(mm*7+1:mm*8)=yp(:);                       %%%   空出 1ms 表征脉冲组结束
out2(mm*9+1:mm*10)=yn(:);
%%%%%%%%%%%%%%%%%%%%%%%%%%
%% 产生时间长度为 length 的主台信号
for j=1:1:round(length/tt)
    if mod(j,2)==1                             %%%   主台信号在奇数周期和偶数周期间切换
        output(nn*(j-1)+1:nn*(j-1)+10*mm)=out1(:);
    else
        output(nn*(j-1)+1:nn*(j-1)+10*mm)=out2(:);
    end
end
figure;
plot((0:1/fs:length-1/fs),output);            %%%   绘制罗兰 C 仿真信号
xlabel('时间(s)');
title('仿真罗兰 C 信号');
```

得到的仿真结果如图 6-12 所示，该仿真中设置的信号长度为 0.5s，采样频率 1MHz，包周期为 0.2s。对仿真信号进行局部放大，如图 6-13 所示，从该放大图中可以直观地看出罗兰 C 信号的分组特点和每个脉冲信号的雨滴形状。

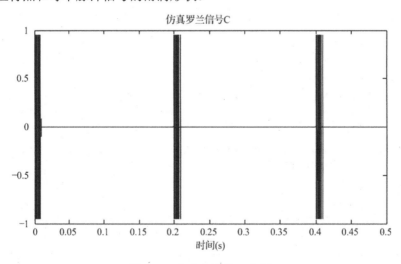

图 6-12　仿真的罗兰 C 信号

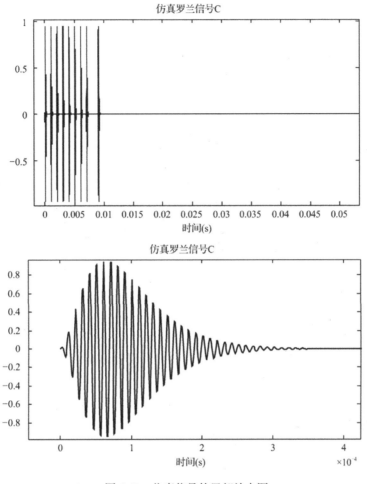

图 6-13　仿真信号的局部放大图

这里需要说明的是，在实际的罗兰 C 导航系统中，一个台链中的主台和副台发射的信号所包含的脉冲数目是不同的，但脉冲数和包周期是固定的值，而不是任意设置，我们在本章的仿真中仅是综合利用所学知识进行仿真实现，目的在于给出解决问题的方法和思路，而不是严格的仿真和实现罗兰 C 系统。这里所涉及的仿真信号与实际罗兰 C 信号的处理思路和过程是一致的，所不同的只是信号的具体参数，如包周期、台链组合等。

在以上的仿真数据的基础上，分别加入不同时间的延迟（如对应直达波、天波、大障碍物等），并乘以相应的幅值，仿真不同来源的信号，将这些信号叠加并考虑热噪声影响，即可得到完整的接收信号。

将前面的罗兰 C 信号生成程序保存为 MATLAB 函数 create_loranc_host( )，写成完整的信号延迟估计程序如下。

```
tt=0.2;                                    %%%  台链的脉冲组重复周期，单位为 s
length=0.21;                               %%%  信号长度，单位为 s
fs=1e6;                                    %%%  采样频率
fd=0;                                      %%%  多普勒频移，跟速度有关系
loran_signal=create_loranc_host(tt,length,fs,fd);
```

```
                                          %%%   调用子函数，生成罗兰C信号
direct_delay=15e-6;                       %%%   直达波延迟，15μs
tianbo_delay=50e-6;                       %%%   天波延迟，50μs
A_tianbo=0.8;                             %%%   天波幅值（相对于直达波）
process_length=800;                       %%%   处理的数据长度
ref_signal=loran_signal(1:350);           %%%   标准信号
return_signal=zeros(1,process_length);
direct_samples=direct_delay*fs;           %%%   直达波延迟（采样点数）
tianbo_samples=tianbo_delay*fs;           %%%   天波延迟（采样点数）
return_signal(direct_samples+1:process_length)=loran_signal(1:process_length-direct_samples);
                                          %%%   直达波信号
return_signal(tianbo_samples+1:process_length)=return_signal(tianbo_samples+1:process_length)...
+A*loran_signal(1:process_length-tianbo_samples);
                                          %%%   直达波叠加回波信号
figure;
plot(return_signal);                      %%%   绘制回波信号
title('echo');
[output]=delay_cal(return_signal,ref_signal,fs,128);
                                          %%%   调用延迟估计子函数
figure;
plot((0:process_length-1)./fs*1e6,output);   %%%   绘制延迟估计结果
grid on; xlabel('时间(us)');
```

该程序仿真出的回波信号中包含了直达波和天波，其中直达波的延迟时间为15μs，天波的延迟时间为50μs，仿真得到的信号如图 6-14 所示，可以看出仿真信号与标准的罗兰C信号存在明显的差异，这种差异主要是由地波信号与天波信号的叠加导致的。

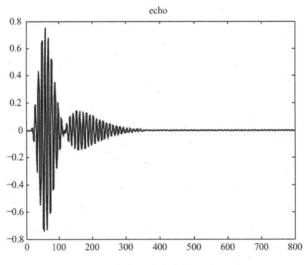

图 6-14　仿真案例中接收的罗兰C信号

该信号与标准罗兰C信号通过傅里叶变换方法处理，得到的逆傅里叶变换后的脉冲如图 6-15 所示。可以看出两个明显的脉冲信号，它们分别对应直达波和天波。

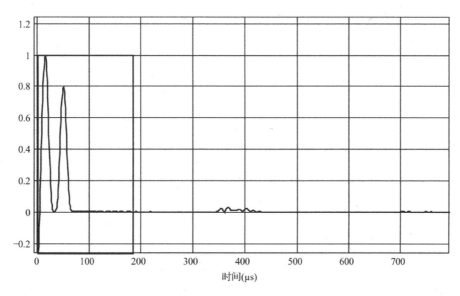

图 6-15 逆傅里叶变换得到的回波延迟

脉冲峰值位置对应回波的延迟时间，可以看出，延迟估计的结果与案例中设置的延迟时间非常接近，这里需要说明的是，在仿真中为突出原理和效果，没有加入噪声，实际的系统的接收信号被噪声影响是不可避免的。读者可以在仿真信号部分加入噪声，然后尝试仿真效果以及延迟估计的效果，噪声可以采用高斯白噪声来模拟，MATLAB 中也有产生高斯白噪声的函数 randn( )，噪声前乘以不同的系数就表示了系统的不同信噪比。

这里给出程序中调用的 delay_cal( )函数的代码，该函数用来对包含天波和目标回波的接收信号在频域的处理，根据输出的峰值位置可以估计直达波之外的信号回波的延迟时间，所得到的延迟时间可以用于多站目标定位等应用中。

```
function [output]=delay_cal(input,ref_in,fs,window_len)
%%%  采用傅里叶变换方法对信号进行时间延迟估计
%%%    输入变量 input 表示输入信号
%%%    输入变量 fs 表示信号的采样频率
%%%    输出变量 output 频谱处理的结果，包含了信号延迟信息
L=length(input);                              %%%  计算信号的长度
NFFT = 2^nextpow2(L);                         %%%  信号进行傅里叶变换的点数
f = fs/2*linspace(0,1,NFFT/2+1);
input_f= fft(input,NFFT)/L;                   %%%  输入信号的频谱
ref_in_f = fft(ref_in,NFFT)/L;               %%%  参考信号的频谱
output_f=input_f./ref_in_f;                  %%%  频谱相除，保留时移信息
output_if=output_f;
for k=1:NFFT                                  %%%  采用汉宁窗对信号频谱加窗
    if k<NFFT/2+1
        if (f(k)<(100-window_len/2)*1000)||(f(k)>(100+window_len/2)*1000)
            output_if(k)=0;
        else
            ha=0.54-0.46*cos(2*pi*((f(k)/1000-(100-window_len/2))./window_len));
            output_if(k)=output_if(k)*ha;    %%%  加窗处理
```

```
                    end
            else
                    if (f(NFFT+1-k)<(100-window_len/2)*1000)||…
(f(NFFT+1-k)>(100+window_len/2)*1000)
                            output_if(k)=0;
                    else
                            ha=0.54-0.46*cos(2*pi*((f(NFFT+1-k)/1000-(100-window_len/2))./window_len));
                            output_if(k)=output_if(k)*ha;               %%%   加窗处理
                    end
            end
    end
    output_i=ifft(output_if,NFFT);                      %%%   对加窗后频谱做逆傅里叶变换
    env=baoluo(abs(output_i));                          %%%   输出结果包络整形
    output=env(1:L);
    output=output/max(output);                          %%%   归一化
```

在上面的程序中调用了 baoluo( )子函数，该函数的作用是对输出曲线进行包络整形，去除虚假毛刺，其实现代码也一并给出，这里需要说明的是，所给出的代码仅是一种实现方法，并不是实现该功能的唯一方法。

```
    function env=baoluo(x)
    %%%   包络整形子函数
    t=1:length(x);
    d = diff(x);                                        %%%   调用差分函数，相邻两项做差
    n = length(d);
    d1 = d(1:n-1);
    d2 = d(2:n);
    indmax = find(d1.*d2<0 & d1>0)+1;                   %%%   寻找 d 中的下跳点
    env = spline(t(indmax),x(indmax),t);               %%%   三次样条插值
```

整形过程不涉及算法的原理，只是将输出结果进行平滑等操作，使后续处理更方便。为便于理解，这里的整形操作可以看作低通滤波过程，把毛刺、跳变等高频分量去除，使得输出的结果更加平滑，能够反映曲线的变化趋势。

通过以上的仿真过程可以看出，科研和生产中的仿真不仅需要明确的原理，还有很多基础性的工作（如编程语言、代码调试的经验）和辅助性的工作（如本案例中的输出整形过程），通过本案例，希望对读者深入理解"仿真"和熟练进行仿真起到一定作用。

第 7 章　信号与系统 MATLAB 演示软件

信号与系统课程的主要内容可以分为信号、连续系统与离散系统这三大部分。结合课堂教学的经验和需求，我们采用 MATLAB 软件设计了可以用于演示的仿真软件，对以上三部分中一些知识点进行了演示，借助于这种仿真演示，使读者能够更直观地了解所学习的内容，也为感兴趣的读者提供仿真演示的便利。

7.1　演示软件简介

本演示软件是作者在教学过程中为配合教学过程所开发的，选取了课堂教学中的部分内容进行了演示。该演示软件的界面如图 7-1 所示。

图 7-1　信号与系统 MATLAB 演示软件界面

演示软件包含了信号部分的演示、连续系统的演示和离散系统的演示，其中信号部分给出了基本信号、奇异信号及信号变换三部分的演示；连续系统则是从连续时间卷积、傅里叶变换、系统的冲激响应与阶跃响应、信号采样与恢复、S 平面上的零极点图等方面来进行演示；离散系统的演示则是从单位样值响应、离散时间信号卷积、Z 平面上的零极点图方面来进行演示。在具体的演示实现中，考虑到软件开发中界面实现的复杂度等问题，同时考虑到在应用中是课堂演示与教师讲解相结合进行的，因此软件本身对原理的反映没有作为重点内容。信号与系统课程所涉及的内容非常广泛，软件实现中仅以部分典型知识点进行演示。有兴趣的读者还可以在该演示软件的基础上，继续开发感兴趣的知识点或者其他内容的仿真和演示。

7.1.1　演示软件的使用说明

我们以 MATLAB 2012 为例，说明该演示软件的使用。首先利用 MATLAB 的 GUI（Graphical User Interface）打开演示软件，软件主界面名称为 start.fig。打开主界面的操作如图 7-2 所示。

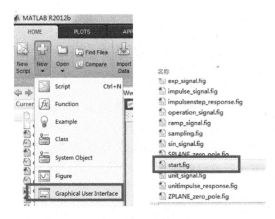

图 7-2　打开主程序的操作

打开 start.fig 后可以看到如图 7-3 所示的界面布局，其包含了该软件涉及的组件。单击工具栏中的绿色执行按钮▷开始执行演示软件。

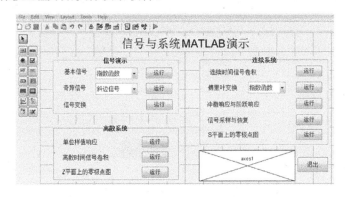

图 7-3　start.fig 文件的主界面图

另外，还可以将工作路径指向当前存放演示软件的文件夹，在 MATLAB 的命令窗口下直接输入 start 命令启动该演示软件。单击各功能模块后面的"运行"按钮，可以打开各项具体演示项目的子界面，单击主界面右下角的"退出"按钮则可以退出该演示软件。下面结合软件的三个组成模块对软件的使用进行说明。

7.1.2　信号演示

信号演示部分对三种基本信号、三种奇异信号以及信号变换进行了仿真演示。

基本信号是一种简单的信号，它贯穿于整个信号与系统课程的学习中，复杂信号通常可以分解为多个信号的组合，其中基本信号就是这种组合中的一个重要成分。演示的三种基本信号分别为指数信号、余弦信号和正弦信号。本书的傅里叶级数部分专门讲解了周期信号如何分解为指数信号、正弦信号、余弦信号的线性组合的形式。因此，指数信号、余弦信号和正弦信号在本课程中既是基础，又非常重要。

1. 指数信号

指数信号是最基本的信号之一，在众多的信号类型中，指数信号有着自己独特的特点。

对于实指数信号来说，它有一个非常重要的特征，即它的时间微分或积分仍然是指数信号，基于这个特性，在利用线性常系数微分方程求解系统响应的过程中，指数信号的形式有着重要的作用。其数学表达式为：

$$f(t) = Ke^{\alpha t}u(t) \tag{7.1.1}$$

其中的参数 K 和 a 可以取值为实数，也可以取值为复数，在软件演示中，利用了实部和虚部图形一起描述指数信号。对该信号在时间域上的起止点，在软件内部采用了固定的范围。

指数信号的演示界面如图 7-4 所示。其中的参数 K 和 a 需要界面输入，两者可以取值实数或复数。当两者均取实数时，所得到的指数信号为实信号，此时的虚部为 0。

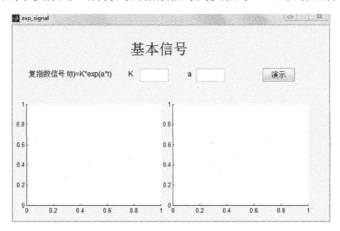

图 7-4　指数信号演示界面

在界面中输入不同的参数 K 和 a 的值，单击"演示"按钮，可以得到所输入参数下的指数信号，通过演示界面，可以直观观察不同 a 的取值下，指数信号的变化趋势，如图 7-5 所示。

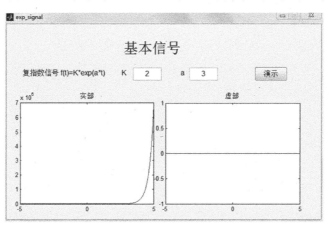

图 7-5　实指数信号演示

当 a 取复数值时，该指数信号变为了复指数信号，此时需要利用实部和虚部一起来描述该指数信号，如图 7-6 所示。

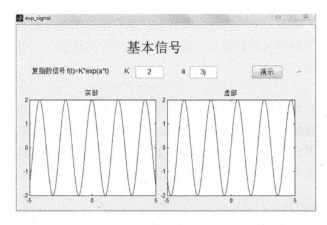

图 7-6 复指数信号演示

2. 正弦信号

正弦信号是一种基本信号，前面已经讲过，对于满足条件的周期信号，都可以用傅里叶级数展开成不同谐波的叠加。所以在信号的分析上，常常用正弦信号作为分析的典型对象，以正弦信号作为特例推导出一般结论。正弦信号的数学表达式为：

$$f(t) = K\sin(\omega t + \theta) \tag{7.1.2}$$

在仿真中，有三个变量可调，分别为幅值、频率和相位。正弦信号的演示界面如图 7-7 所示。

界面输入正弦信号的参数，单击"演示"按钮得到正弦信号的演示结果，如图 7-8 所示。

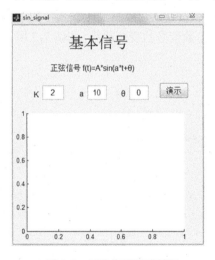

图 7-7 正弦信号演示界面

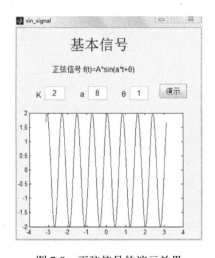

图 7-8 正弦信号的演示效果

根据正弦信号与余弦信号之间的关系，两者可以等效为一类信号，这里对余弦信号不做过多说明，仅给出余弦信号的一个演示，如图 7-9 所示。

正弦信号和余弦信号在时间域上的范围已在程序中设定为固定值。因此，在仿真演示中，如果信号频率值设置过小，则有可能无法观察到完整的信号。

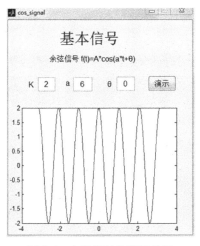

图 7-9 余弦信号的演示效果

7.1.3 奇异信号

奇异信号的定义是相对于连续信号而言的，是指信号自身有不连续点（跳变点），或者导数具有不连续点的信号。这类信号因为出现的频率较高，在实际中也经常会用到，在信号和系统的分析中有重要的作用。这里仅以单位斜边信号、单位阶跃信号和单位冲激信号为例进行演示。

1. 单位斜边信号

单位斜边信号是指当时间 t 小于 0 时函数值为 0，当时间 t 大于或者等于 0 时函数值等于 t 的信号，即：

$$s(t) = \begin{cases} t & t \geq 0 \\ 0 & t < 0 \end{cases} \tag{7.1.3}$$

单位斜边信号的演示界面和结果如图 7-10 所示，信号的起止时间已经在程序中固定，因为信号本身形式上较为简单，界面中也没有设置其他输入参数。

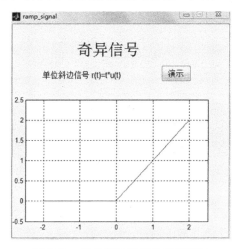

图 7-10 单位斜边信号的演示界面

2. 单位阶跃信号

单位阶跃信号是指当时间 t 小于 0 时信号为 0，当时间 t 大于或者等于 0 时信号值为常数 1 的信号，单位阶跃信号的定义在前文中已经给出，这里不再赘述。在软件演示中，是在单位阶跃信号的基础上扩展为了更一般的阶跃信号，具体形式如下。

$$s(t) = \mu(at - t_0) \tag{7.1.4}$$

相对于单位阶跃信号，式（7.1.4）中的信号里包含了尺度缩放和时间平移。其 MATLAB 仿真的界面如图 7-11 所示。

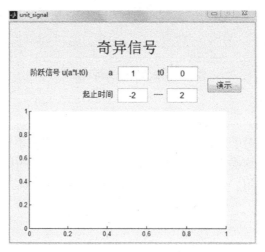

图 7-11　阶跃信号的演示界面

界面中包含了四个输入参数，其中的起止时间设定是为了在 t_0 取值较大时，演示窗口仍然能够显示出完整的信号变化。

设置不同的输入参数，得到的阶跃信号的演示效果如图 7-12 所示。该信号的演示可以作为后面的信号变换案例的一个特例。

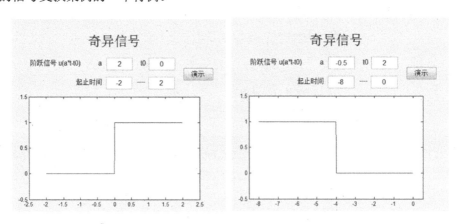

图 7-12　阶跃信号在不同参数下的演示效果

3. 单位冲激信号

单位冲激信号是指当时间 t 不为 0 时函数值取 0，当时间 t 取 0 时函数值无穷大的信号。这里的数值无穷大不是一般意义上的无穷大，而是要受到一定条件的限制。冲激函数的无穷大只是在时间 t 取 0 时的无穷大，它在时间轴上的积分值为常数 1。

$$\begin{cases} \int_{-\infty}^{\infty} \delta(t)\mathrm{d}t = 1 \\ \delta(t) = 0 \ (t \neq 0) \end{cases} \qquad (7.1.5)$$

在信号与系统课程中，连续时间信号和离散时间信号对冲激信号的定义有较大的区别，在离散系统的定义中冲激信号有很明确的数值，这便于仿真实现，但在连续系统中的冲激信号在描述上相对于离散冲激信号来看是不够明确的，这是因为在自然界中并不存在理想的连续冲激信号，但很多的信号和过程有近似于冲激信号的特征，通过冲激信号来建模和分析更简单明了。在该演示软件中，在单位冲激信号的基础上，演示了具有时间延迟的冲激信号。其演示界面如图 7-13 所示。

设定非零的延迟时间后的演示结果如图 7-14 所示。界面输入的参数可以看作该信号相对于单位冲激信号的时间移位。

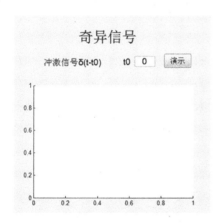

图 7-13　冲激信号的演示界面

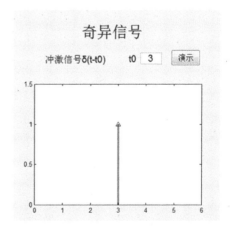

图 7-14　冲激信号的演示效果

7.1.4　信号变换

信号变换也可以称为信号运算，基本运算主要分为幅值运算和时间运算两大类，而时间运算又包括了信号的反褶运算、时移运算和压缩扩展运算（尺度运算）。对一个信号 $f(t)$ 做变换，使之变成 $f(at+b)$ 后，变换前后信号的幅值是不会发生改变的，改变的只是原信号的持续时间和时间起止点。在演示软件中，已经固定了原信号，所演示的信号变换仅是对该信号的变换，这里仅是演示信号变换的效果，而不能实现对任意信号的变换。其中所给定的信号为阶跃信号和斜边信号的组合。其演示界面如图 7-15 所示。该界面中可以设置 a、b 的值。

取 $a=2$、$b=2$ 时变换前后的信号波形如图 7-16 所示。

当取 $a=-0.5$、$b=2$ 时变换前后的信号波形如图 7-17 所示。

通过改变系数 a 和 b 的值，可以通过演示软件直接观察信号的变换。

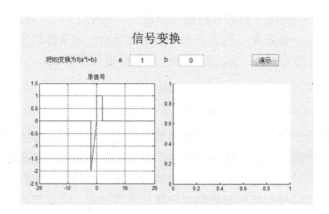

图 7-15 信号变换演示界面

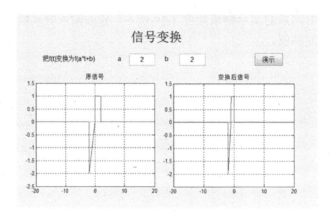

图 7-16 a =2 时信号变换效果演示

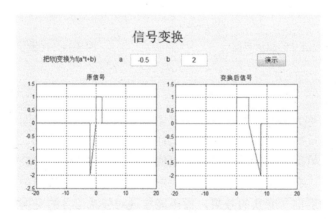

图 7-17 a =-0.5 时的信号变换演示效果

7.2 连续系统

任何信号的产生与处理过程都与时间有关，信号的变化是在时间轴上进行的。例如，单位斜边信号，随着时间的推移，信号的幅值与时间呈正比例变化的关系。又例如，正弦信号在时间轴上，朝着时间轴正方向行进时，信号波形依照正弦函数规律变化。当时间变量连续变化时，信号的时间区域就是一段连续的数值，这样的信号就是连续时间信号。现实生活中我们接触的信号有大量连续信号的例子，结合信号与系统课程的学习内容，我们将演示内容分为了连续信号卷积、傅里叶变换、冲激响应与阶跃响应、信号采样与重构、S 平面上的零极点图五个方面，当然，正如前文所述，这并非信号与系统课程中连续系统部分的全部内容，仅是其中的部分内容。

7.2.1 连续时间信号卷积

作为信号处理的一种重要方法，卷积是信号与系统课程的重要内容，也是进行信号与系统分析的一种重要工具。卷积是用来描述线性时不变系统的输入与输出之间关系的运算，系统的输出等于输入信号与系统的冲激响应的卷积，通过卷积运算，将信号与系统联系在了一起，因此将连续时间信号的卷积作为了连续系统演示的内容之一，而没有作为信号演示的内容。

对于两个连续时间信号 $f_1(t)$ 和 $f_2(t)$，它们的卷积定义为：

$$f(t) = f_1(t) * f_2(t) = \int_{-\infty}^{\infty} f_1(\tau) f_2(\tau) \mathrm{d}\tau \tag{7.2.1}$$

从定义公式可以看出，卷积的计算是一种积分运算，在计算机处理时，通常是将这种积分运算近似为分段求和运算来实现的。在前文的理论讲解中，已经给出了利用分段求和来近似实现积分，进而实现卷积计算的方法和仿真演示，这里对于相关的原理不再过多说明。

在该演示软件中，计算卷积的两个信号已经在程序中固定，界面如图 7-18 所示。该界面中包含了进行卷积运算的两个输入信号的波形。

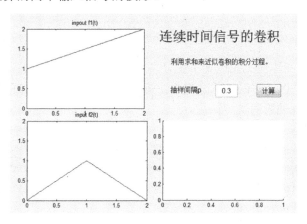

图 7-18 连续信号卷积演示界面

从连续信号卷积演示界面可以看出，连续信号卷积演示中的可调参数为抽样间隔，通过该演示过程可以直接观察到抽样间隔的变化对连续信号卷积的影响，图中横坐标为时间，抽样间隔分别为 0.1s 和 1s 时，所得到的卷积结果分别如图 7-19 和图 7-20 所示。

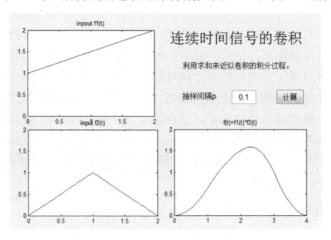

图 7-19　抽样间隔为 0.1s 时的连续信号卷积结果

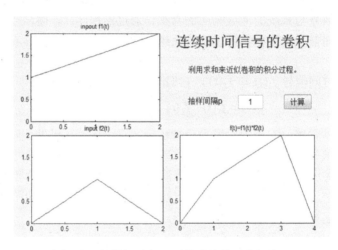

图 7-20　抽样间隔为 1s 时的连续信号卷积结果

　　抽样间隔的变化，在本质上是改变了积分运算中连续区间离散化的程度，抽样间隔越小，连续区间离散化后每块区域对应的长度越小，得到的卷积结果与理论值越接近。图 7-19 和图 7-20 所示的结果也直观地表明了该结论。

7.2.2　傅里叶变换

　　对连续信号的分析，都是在特定的域上，如时域或其他变换域。在时域上，就是以时间 t 作为自变量来进行信号的描述和分析。在变换域上，常见的连续系统变换域分析方法有傅里叶变换分析法和拉普拉斯变换分析法。在本节中，着重是对傅里叶变换进行演示。

　　傅里叶变换是由原信号 $f(t)$ 与 $\mathrm{e}^{-\mathrm{j}\omega t}$ 的乘积对时间的积分而得来的，其数学表达式为：

$$F(\omega) = \int_{-\infty}^{+\infty} f(t)\mathrm{e}^{-\mathrm{j}\omega t}\mathrm{d}t \tag{7.2.2}$$

其中，$f(t)$ 的傅里叶变换不是对所有的信号都能应用的，利用上式计算傅里叶变换是有条件的，在前面的原理说明中已经讲述了该问题，因此在软件实现中，固定了信号的形式。

在学习中，对傅里叶变换的理解需要具有傅里叶级数的基础，而傅里叶级数就是将信号转化为很多个不同幅值、频率和相位的复指数信号或正弦信号的叠加。根据欧拉方程，可以看出复指数信号与正弦、余弦信号间的关系。在该部分的演示中，分别以实指数信号和余弦信号为例来进行演示。前者为非周期信号，后者为周期信号，对周期信号的傅里叶变换需要结合傅里叶级数的相关结果，但在程序实现中，直接采用了数值计算的方法，没有利用基于傅里叶级数的理论结果，这时，分析的数据的长度对频谱的描述会有影响。

傅里叶变换的演示界面如图 7-21 所示。

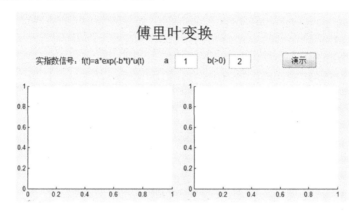

图 7-21　实指数信号傅里叶变换演示界面

对于实指数信号，在演示界面中保留了两个输入参数，其中参数 a 仅影响信号幅值和幅值频谱的数值，参数 b 会影响信号频谱的形状。对 b 分别取值为 2 和 6 时，得到的傅里叶变换的结果分别如图 7-22 和图 7-23 所示。可以看出，b 不同的取值对于信号和信号幅值频谱的影响。这里需要说明的是，对于信号的频谱的描述通常采用幅值频谱与相位频谱组合的方法或频谱实部与频谱虚部组合的方法，这里采用了前者，但在显示界面中仅给出了幅值频谱。

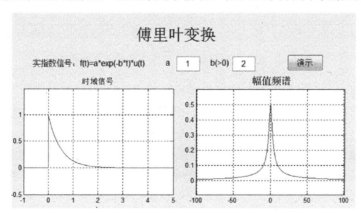

图 7-22　$b=2$ 时实指数信号的傅里叶变换结果

在这两幅演示图中，我们可以很清晰地观察出信号在时域中的波形，以及它们在频域中的幅值频谱的形状和变化。需要注意的是，由于所给定信号的持续时间从 0 到无穷大，界面的输入参数 b 取正值时才满足信号绝对可积的条件，当输入的参数 b 不满足条件时，软件会做参数检查并给出提示，如图 7-24 所示。

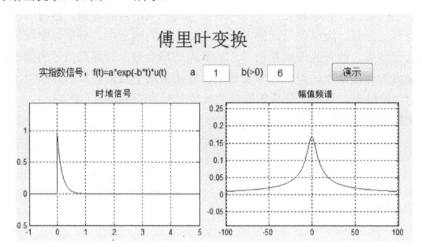

图 7-23　b=6 时实指数信号的傅里叶变换结果

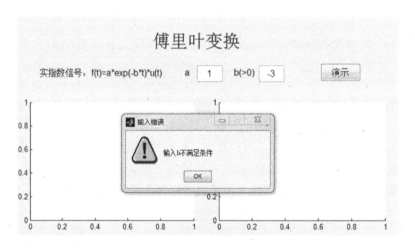

图 7-24　实指数信号傅里叶变换中的输入参数检查

对于余弦信号的傅里叶变换，其演示界面如图 7-25 所示，界面包含了三个输入参数，分别对应了余弦信号的幅值、频率和初始相位。演示图中包含了三幅输出结果图，左侧为余弦信号的波形图，右侧为信号的频谱图，包含了频谱的实部和虚部。

理论上的余弦信号为负无穷到正无穷，但在仿真软件中，将该信号的时间范围限定为 0～25 倍的信号周期，对采样频率也设定为信号频率的 4 倍，以满足采样定理的要求。通过这些设计，在界面输入不同的频率时，均可以实现对余弦信号傅里叶变换的演示。

余弦信号频率分别为 10Hz 和 0.1Hz 时，进行傅里叶变换的结果分别如图 7-26 和图 7-27 所示。从演示图中可以看出余弦信号的频谱为单谱线。信号频谱可以表示为幅值频谱与相位频谱组合，或者频谱实部与频谱虚部组合的形式，在演示软件设计中我们采用了后者，采用了实部和虚部来表示信号频谱。需要说明的是，尽管在演示中所采用的描述频谱的方法不同，但这些描述方法之间是等价的，都是从不同的侧面反映信号的频谱特性。

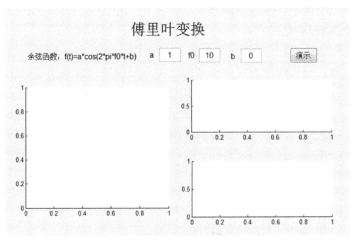

图 7-25　余弦信号的傅里叶变换

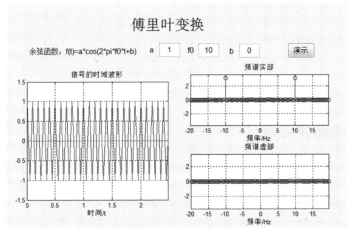

图 7-26　余弦信号频率为 10Hz 时的傅里叶变换

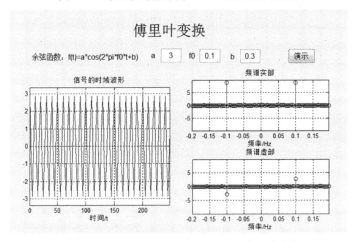

图 7-27　余弦信号频率为 0.1Hz 时的傅里叶变换

我们知道，作为三角信号的不同形式，余弦信号与正弦信号之间存在 π/2 的时移关系，即 $\sin(\theta) = \cos(\pi/2 - \theta) = \cos(\theta - \pi/2)$，因此通过调整余弦信号的初始相位，可以得到正弦信号，进而实现对正弦信号的傅里叶变换的演示。当设置初始相位为-1.57，就得到了正弦信号的傅里叶变换演示，如图 7-28 所示。

比较余弦信号图 7-26 和正弦信号图 7-28 的频谱图可以看出，在所给频率一致的情况下，两者谱线的位置一致，但具体的表现形式不同（实部与虚部，以及数值的正负号），具体的结果可以参照前文的分析对演示结果进行解释和说明。

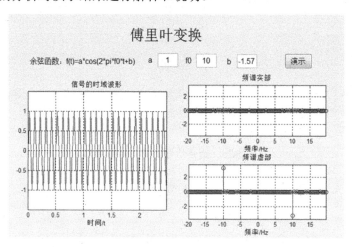

图 7-28　通过设置初始相位得到正弦信号的傅里叶变换

7.2.3　冲激响应和阶跃响应

对于线性时不变系统而言，单位冲激响应是指激励为冲激信号时系统所产生的零状态响应，简称冲激响应。而当输入是阶跃信号时，系统产生的零状态响应就是阶跃响应。冲激响应和阶跃响应是描述线性时不变系统性质的两个重要工具，如图 7-29 至图 7-32 所示。

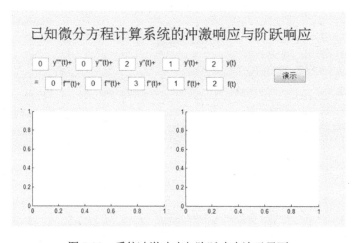

图 7-29　系统冲激响应与阶跃响应演示界面

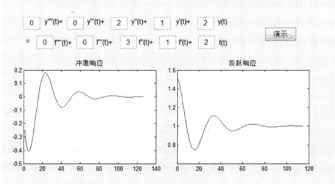

图 7-30　给定系统的冲激响应和阶跃响应

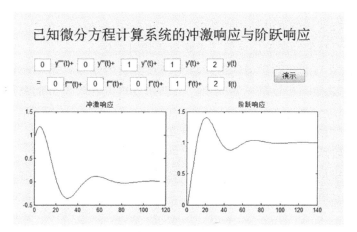

图 7-31　给定系统的冲激响应和阶跃响应

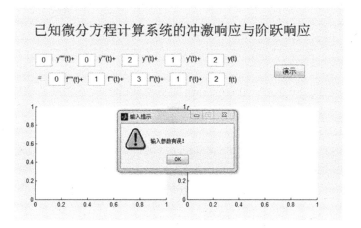

图 7-32　常系数微分方程的输入参数检查

在设计该演示界面时，考虑了对界面输入参数的检查，当输入参数不满足条件时，系统将通过弹出窗口的方式进行输入参数有误的提示。单位冲激响应在线性时不变系统的分析中起着重要的作用：一是利用单位冲激响应来求解系统对任意输入信号的零状态响应；二是单位冲激响应可以描述系统本身的特性。

在线性时不变系统中，当输入信号 $f(t)$ 和冲激响应 $h(t)$ 都是已知时，系统的一些特性和输出可以很方便地计算出来，比如零状态响应 $y(t)$，它等于输入信号 $f(t)$ 和冲激响应的连续卷积，其数学公式可表达为：

$$y(t) = f(t) * h(t) \tag{7.2.3}$$

可以看出，冲激响应 $h(t)$ 仅是由系统自身的特有属性所决定的，与系统外部的变量完全无关，同样，它也与系统的输入信号和输出信号无关。如果只是就系统的零状态响应而言，$h(t)$ 将输入信号和输出信号联系起来，知道其中一个的具体函数，那么就可以求得另一个信号函数。

求解连续系统冲激响应的一个重要方法是求解一个线性常系数微分方程。根据高等数学的内容，常微分方程的求解有几种固定的解法，我们可以用数学上的方法来计算该连续系统的方程，从而求得系统的冲激响应函数，求解过程相对简便。

由于我们在信号与系统的学习中难以遇到超过四阶的函数，所以在设计本演示界面时最高只做到了四阶微分。在该演示界面上，可以通过修改各阶微分的系数，修改所研究的系统。

对于一个二阶常系数微分方程，在界面中直接输入各阶微分的系数，可以得到如图 7-33 所示的冲激响应和阶跃响应的演示。演示结果中的横坐标仅为离散序号，并没有换算为具体的时间值，这里仅给出系统描述方法的演示。对于其他的不超过四阶的系统，可以用类似的方法来描述并进行分析。

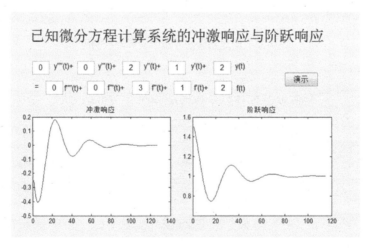

图 7-33　二阶常系数微分方程描述的系统响应

7.2.4　信号采样与恢复

自然界中的物理量（或信号）在进行处理时，如利用计算机进行处理，处理的对象通常是离散量，从连续到离散，这就是一个信号采样的过程，采样的基本原则就是尽可能保持信号的原有特性，将离散信号转变为连续信号则是一个低通滤波过程。采样过程的理论基础就是采样定理，在前文中，我们已经专门给出了关于采样定理的仿真验证，这里的演示则是以 Sa 信号为例，通过改变采样间隔值，也就是改变采样频率的值，直观演示采样结果和根据采样信号恢复的信号，通过比较原信号和恢复信号可以感受采样频率对采样过程和信号恢复的影响。

演示界面如图 7-34 所示，在演示程序的设计中，已经将信号的时域范围固定，不同的采样间隔将得到不同的采样点数。当采样间隔分别为 0.4s 和 4s 时，可以得到不同的采样信号和恢复信号，分别如图 7-35 和图 7-36 所示。

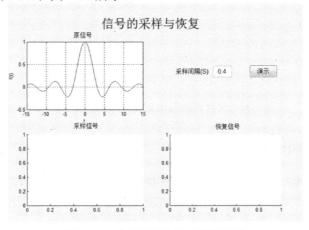

图 7-34 信号采样和恢复演示界面

比较不同的采样间隔下的结果，可以明显看出不同的采样间隔下得到的采样信号和恢复信号，当采样间隔过大，不能满足采样定理的情况下，从演示界面上可以直接观察到利用采样信号得到的恢复信号与原信号的差异。

这里需要说明的是，演示中所给出的 Sa 信号并不是严格的带限信号，但该信号的主要能量集中在有限的带宽范围内，并不影响对采样定理的直观演示。

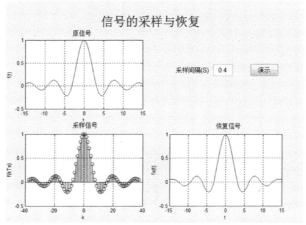

图 7-35 采样间隔为 0.4s 时信号采样与恢复演示

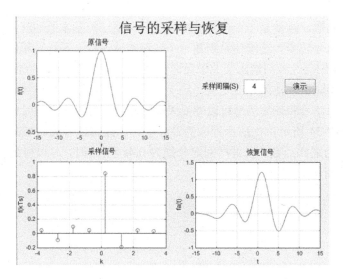

图 7-36　采样间隔为 4s 时信号采样与恢复演示

7.2.5　S 平面上的零极点图

利用拉普拉斯变换，可以将信号由时域变换到复频域，也称 S 域，在对系统特性进行分析时，零极点图就是一种简便的分析工具，演示界面如图 7-37 所示。在该界面中，系统利用有理式描述，有理式的分子和分母的系数则以一维数组的形式输入，数组内各个数据量之间遵循了 MATLAB 向量元素之间的分割规则，通过逗号或空格分隔。

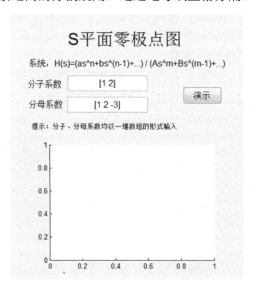

图 7-37　S 平面零极点图演示界面

当分子多项式的系数为[1, 2]时，则对应的系统表达式中的 a=1、b=2。分母多项式的系数为[1, 2, –3]时，则对应的系统表达式中的 A=1、B=2、C=–3。得到所给的系统的零极点图如图 7-38 所示。

该系统有 1 个零点、2 个极点。这里需要说明的是，在所给的演示界面中，当分子多项式和分母多项式有重根时，由于遮挡的原因，从图形上看同一位置只能显示出一个零点或极点。以分子多项式有重根为例，如图 7-39 所示，系统在 -1 处存在两个零点，但由于显示的图形中零点重合，仅显示出一个零点，这里需要读者留意。

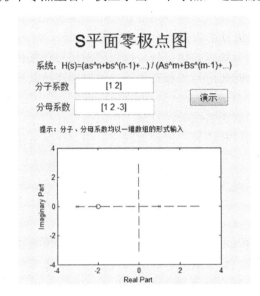

图 7-38　所给系统的零极点图

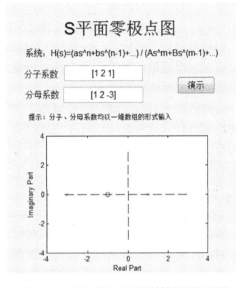

图 7-39　两个零点重合的系统的零极点图

在演示软件的设计中，也对分母多项式和分子多项式的最高阶数进行了限制，分子多项式的阶数不高于分母多项式的阶数，软件中进行了阶数的检查和提醒，如图 7-40 所示。

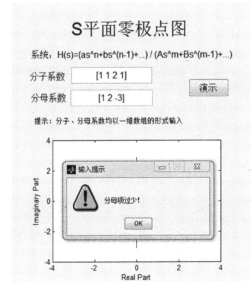

图 7-40　输入参数检查

7.3　离散系统

我们知道，信号在时间上可以分为连续时间信号与离散时间信号两大类。连续信号与离散信号的区别在于它们在时间域上是否可以连续取值，若连续，则是连续信号，反之，则是离散信号。它们在时间域上对应的幅值可以取整个实数域，离散信号在幅值运算和连续信号是相同的。只有在对时间域进行变量运算时，离散信号才会有别于连续信号。

根据两种信号的特点，离散信号可以由连续信号经过抽样得到，所以离散信号在某种程度上可以运用连续信号的分析方法。只要注意离散时间信号的独有特征，可以用连续系统的观点辅助离散系统的教学。

而离散信号与数字信号存在幅值上的区别，通常离散信号在时域上的幅值量化后就可以得到数字信号。许多连续信号在处理时都会转化为离散信号，再把离散信号用量化的方法转换为数字信号。对于离散系统的演示，主要从单位样值响应（也称离散系统的单位冲激响应）、离散卷积和 Z 平面上的零极点图这三个方面来进行说明。

7.3.1　单位样值响应

同连续系统一样，单位样值响应 $h[n]$ 是指当输入为单位冲激信号时系统产生的零状态响应。同样，$h[n]$ 与任何系统外部的函数都没有关系，只与系统本身的特性有关。对于零状态系统来说，已知激励 $x[n]$ 和单位样值响应 $h[n]$，那么该系统的输出就可以确定下来，为 $y[n] = x[n] * h[n]$。

单位样值响应是离散系统本身特性的反映，可以根据系统的差分方程来计算，演示界面如图 7-41 所示。

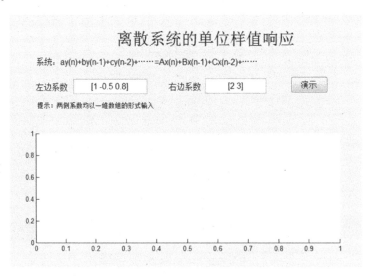

图 7-41　离散系统单位样值响应演示界面

该演示界面中给出了描述系统的一般差分方程形式，其左侧对应输出信号及其不同延时的叠加，右侧对应输入信号及其不同延时的叠加，在两个文本编辑框中，分别为描述系统的输出信号的系数和输入信号的系数，也以一维数组的形式输入。当左边系数为[1, -0.5, 0.8]、右边系数为[2, 3]时，得到系统的单位样值响应演示结果如图7-42所示。

7.3.2 离散卷积

与连续信号的卷积不同，离散卷积的定义为：

$$y[n] = x[n] * h[n] = \sum_{m=-\infty}^{\infty} x[m]h[n-m] \tag{7.3.1}$$

离散卷积是一种求和运算，在进行两个序列的卷积时，这两个序列都有自己的起始位置。对于本演示软件中的两个离散序列的卷积，默认两个序列都是从$n=0$开始的，因此卷积运算的结果也是从$n=0$开始的。离散卷积的演示界面如图7-43所示。

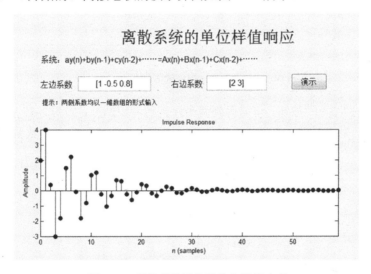

图7-42 所给离散系统的单位样值响应

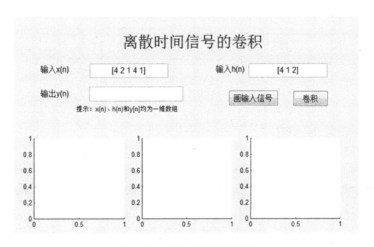

图7-43 离散卷积演示界面

离散卷积运算中两个序列可以是两个信号、两个系统，或者是一个信号、一个系统。对两者的长度也没有限定，两个序列长度分别为M和N时，卷积后的序列长度为$M+N-1$。

输入序列分别为[4, 2, 1, 4, 1]和[4, 2, 1, 4, 1, 0]，单击"画输入信号"按钮，可以得到输入序列的图像，如图7-44所示。

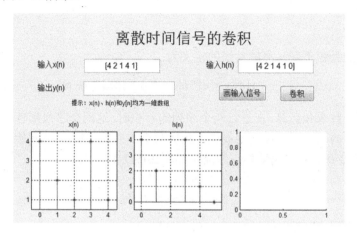

图7-44　绘制输入信号

单击界面中的"卷积"按钮，可以得到两个序列的卷积结果，如图7-45所示。在演示中，在绘制出卷积的结果的同时，也在界面中显示了卷积得到的序列的具体数值。

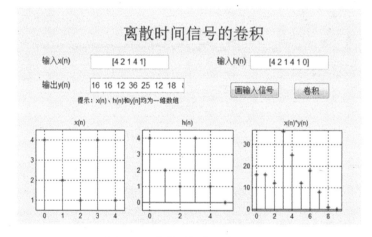

图7-45　离散时间信号卷积结果

7.3.3　Z平面上的零极点图

与S平面上的零极点图类似，对于离散系统，也可以绘制Z平面上的零极点图，与S平面绘制的零极点分布在实轴上不同，Z平面上绘制的零极点图则是分布在整个Z平面上的，Z平面零极点图演示界面如图7-46所示。

在以上界面中的分子多项式系数和分母多项式系数分别输入对应的数值，单击"演示"按钮，可以得到所给系统在Z平面上的零极点分布图，如图7-47所示。

可以看出，所演示的系统包括了两个零点、三个极点，其中两个极点位于单位圆外，两个零点均位于单位圆内，从零极点的分布上，可以直观得到该系统的部分特性。

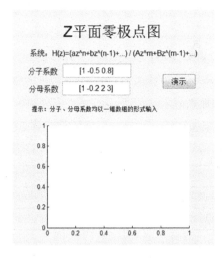

图 7-46 Z平面零极点图演示界面

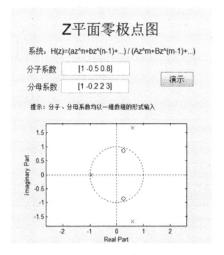

图 7-47 所给离散系统的零极点图

附 录 A

MATLAB 主要命令函数表

命令、函数名称	功能说明
+	加
-	减
*	矩阵乘法
.*	数组乘法（点乘）
^	矩阵幂
.^	数组幂（点幂）
\	左除或反斜杠
/	右除或斜杠
./	数组除（点除）
%	注释
'	矩阵转置或引用
=	赋值
==	相等
<>	关系操作符
&	逻辑与
|	逻辑或
~	逻辑非
xor	逻辑异或
:	规则间隔的向量
abs	求绝对值或复数求模
acos	反余弦函数
angle	求复数相角
ans	当前的答案（预定义变量）
asin	反正弦函数
atan	反正切函数
axes	在任意位置上建立坐标系
axis	控制坐标系的刻度和形式
bar	条形图
bode	波特图（频域响应）
break	终止循环的执行
c2d	将连续时间系统转换为离线时间系统

续表

命令、函数名称	功 能 说 明
c2dm	利用指定方法将连续时间系统转换为离散时间系统
caxis	控制伪彩色坐标刻度
cla	清除当前坐标系
clc	清除命令窗口
clear	清除工作空间变量
clf	清除当前图形
close	关闭图形
conj	求复数的共轭
conv	求多项式乘法，求离散序列卷积和
cos	余弦函数
d2c	变离散为连续系统
d2cm	利用指定方法将离散时间系统转换为连续时间系统
dbode	离散波特图
deconv	求多项式除法，解卷积
demo	运行演示程序
diag	建立和提取对角阵
diff	求导运算
disp	显示矩阵或文本信息
doc	装入超文本帮助说明
dsolve	求微分方程符号解
else	与if命令配合使用
elseif	与if命令配合使用
end	for、while 和 if 语句的结束
error	显示信息并终止函数的执行
errorbar	误差条图
exp	指数函数
expm	矩阵指数
eye	单位矩阵
ezplot	符号函数二维作图
ezplot3	符号函数三维作图
fft	快速傅里叶变换
figure	建立图形
figure	建立图形窗口
fill	绘制二维多边形填充图
filter	求差分方程的数值解

命令、函数名称	功 能 说 明
fix	朝零方向取整
fliplr	矩阵作左右反转
for	重复执行指定次数（循环）
format	设置输出格式
fourier	求符号傅里叶变换
freqs	求连续时间系统的频率响应
freqz	求离散时间系统的频率响应
function	增加新的函数
gca	获取当前坐标系的句柄
gcf	获取当前图形句柄
global	定义全局变量
grid	画网格线
gtext	用鼠标放置文本
help	在命令窗口显示帮助文件
hold	保持当前图形
i, j	虚数单位（预定义变量）
if	条件执行语句
ifourier	求符号傅里叶反变换
ilaplace	求符号拉普拉斯反变换
imag	复数的虚部
impulse	求单位冲激响应
impz	求单位取样响应
inf	无穷大（预定义变量）
initial	连续时间系统的零输入响应
input	提示用户输入
int	符号积分运算
inv	求矩阵的逆
iztrans	求符号 Z 反变换
keyboard	像底稿文件一样使用键盘输入
laplace	求符号拉普拉斯变换
legend	设置图解注释
length	向量的长度
line	建立曲线
linespace	产生线性等分向量
lism	求系统响应的数值解

续表

命令、函数名称	功能说明
load	从磁盘文件中调入变量
log	自然对数
log10	常用对数
max	求最大值
min	求最小值
mod	模除后取余
nan	非数值（预定义变量）
ones	全 1 矩阵
path	控制 MATLAB 的搜索路径
pause	等待用户响应
phase	求相频特性
pi	圆周率（预定义变量）
plot	线性图形
pole	求极点
poly	将根植表示转换为多项式表示
pzmap	绘制零极点图
quit	退出 MATLAB
rand	产生均匀分布的随机数
randn	产生正态分布的随机数
real	求复数的实部
rectplus	产生非周期矩阵脉冲信号
residue	部分分式展开（留数计算）
residuez	Z 变换的部分分式展开
return	返回引用的函数
roots	求多项式的根
rot90	矩阵旋转 90°
round	朝最近的整数取整
save	保存工作空间变量
sawtooth	产生周期锯齿波
semilogx	半对数坐标图形（X 轴为对数坐标）
semilogy	半对数坐标图形（Y 轴为对数坐标）
simple	符号表达式简化
simplify	符号表达式简化
sin	正弦函数
sinc	抽样函数（Sa 函数）

续表

命令、函数名称	功　能　说　明
sinh	双曲正弦函数
size	矩阵的尺寸
sqrt	求平方根
square	产生周期矩阵脉冲
ss	建立状态空间模型
ss2tf	将状态空间表示转换为传递函数表示
ss2zp	将状态空间表示转换为零极点表示
stairs	阶梯图
stem	离散序列图或杆图
step	求单位阶跃响应
subplot	在标定位置上建立坐标系
subs	符号变量替换
sum	求和
surface	建立曲面
sym	定义符号表达式
syms	定义符号变量
tan	正切函数
text	文本注释
tf	建立传输函数
tf2ss	将传递函数表示转换为状态空间表示
tf2zp	将传递函数表示转换为零极点表示
title	图形标题
triplus	产生周期三角波
while	重复执行不定次数（循环）
who	列出工作空间变量
whos	列出工作空间变量的详细资料
xlabel	X轴标记
ylabel	Y轴标记
zero	求零点
zeros	零矩阵
zp2ss	将零极点表示转换为状态空间表示
zp2tf	将零极点表示转换为传递函数表示
zplane	绘制离散时间系统的零极点图
ztrans	求符号 Z 变换